小学生でもわかる

スマホ&パソコン そもそも事典

秋田勘助●著

LINE
そもそも
ラインで
何をするの？
W
そもそも
ワードって
何なの？
f
そもそも
フェイスブックで
何をするの？
そもそも
ツイッターって
何なの？
そもそも
スマホで何が
できるの？
X
そもそも
エクセルで
何をするの？
そもそも
インターネットって
何なの？
そもそも
パソコンで
何ができるの？

C&R研究所

■権利について

- 本書に記述されている製品名は、一般に各メーカーの商標または登録商標です。
  なお、本書では™、©、®は割愛しています。

■本書の内容について

- 本書は著者・編集者が実際に操作した結果を慎重に検討し、著述・編集しています。ただし、本書の記述内容に関わる運用結果にまつわるあらゆる損害・障害につきましては、責任を負いませんのであらかじめご了承ください。
- 本書は2015年6月現在の情報で記述しています。

●本書の内容についてのお問い合わせについて

この度はC&R研究所の書籍をお買いあげいただきましてありがとうございます。本書の内容に関するお問い合わせは、「書名」「該当するページ番号」「返信先」を必ず明記の上、C&R研究所のホームページ(http://www.c-r.com/)の右上の「お問い合わせ」をクリックし、専用フォームからお送りいただくか、FAXまたは郵送で次の宛先までお送りください。お電話でのお問い合わせや本書の内容とは直接的に関係のない事柄に関するご質問にはお答えできませんので、あらかじめご了承ください。

〒950-3122 新潟県新潟市北区西名目所4083-6　株式会社 C&R研究所　編集部
FAX 025-258-2801
『小学生でもわかる スマホ&パソコンそもそも事典』サポート係

はじめに

PROLOGUE

突然《とつぜん》ですが、「そもそも、スマホって何ですか?」と訊《き》かれてすぐに答えられますか?

もし、しばし返答に時間を要《よう》してしまうようでしたら、あなたには本書がお役に立つかもしれません。実は世の中、「そもそもネクタイって何のためにあるの?」「そもそも日本の学校はなぜ4月始まりなの?」とか、あらためて考えると不思議《ふしぎ》なことで満《み》ちあふれているのです。

本書はそんな「そもそも、○○って何?」という観点《かんてん》から、スマホやパソコンやアプリなどについて解説《かいせつ》しています。「小学生でもわかる」とタイトルがついていますが、大人にも充分《じゅうぶん》楽しんで読んでいただける内容になっています。ツイッター《Twitter》やフェイスブック《Facebook》やライン《LINE》などのスマホの定番《ていばん》アプリ、エクセル《Excel》やワード《Word》やアクセス《Access》などのパソコンの定番《ていばん》ソフトにも触《ふ》れておきました。

ただし、スマホやアプリの具体的《ぐたいてき》な詳《くわ》しい操作方法《そうさほうほう》には触《ふ》れていませんので、さらにお知りになりたい場合は、専門《せんもん》の解説本《かいせつぼん》をお読みいただければと思います。本書は不思議《ふしぎ》な「しきたり」「お約束《やくそく》」がたくさん詰《つ》まっているスマホやパソコンの「そもそも、これって何?」を広く浅《あさ》く図解《ずかい》してみました。

また、本書ではスマホやパソコンの歴史《れきし》にも触《ふ》れてあります。たとえば世界で初めてのコンピューターは「エニアック《ENIAC》」と長いこと語られてきました。ところが、近年の研究《けんきゅう》や調査《ちょうさ》が進んで、その前にいくつかのコンピューターが存在《そんざい》し、さらにその数十年前には蒸気機関《じょうききかん》で動くコンピューターが考案《こうあん》されていたこともわかっています。筆者《ひっしゃ》も調査《ちょうさ》しながら、大変、楽しく執筆《しっぴつ》することができました。

最後に執筆《しっぴつ》・制作《せいさく》にあたり、イラストや編集《へんしゅう》で活躍《かつやく》をしていただいたC&R研究所の編集《へんしゅう》スタッフ、この本を世に出すために奔走《ほんそう》してくれた営業《えいぎょう》スタッフ、本書と読者との出会いを演出《えんしゅつ》してくれた書店員さんに心から感謝申し上げます。この業界ではたぶん類書《るいしょ》がないであろう「そもそも」をとことん掘《ほ》り下げる本書を充分《じゅうぶん》ご堪能《たんのう》いただければ、著者《ちょしゃ》としてこれ以上に幸せはありません。

2015年　麦秋《ばくしゅう》

秋田勘助《あきたかんすけ》

本書の読み方・特徴

登場人物

アインシュタイン博士《はかせ》（通称「はかせ」）

相対性理論《そうたいせいりろん》の発見で有名なアインシュタインが、かわいがっていた犬を曽祖父《そうそふ》に持つ天才犬。現在はC&R研究所の主任研究員として活躍《かつやく》中。

秋田奈々（通称「ななちゃん」）

スマホやパソコンの知識《ちしき》がないにもかかわらず、最近、スマホが欲しくなり両親におねだりしている好奇心《こうきしん》いっぱいの小学三年生の女の子。

特徴1
わかりやすい会話形式
ビギナーの素朴な目線での質問と回答で、難しい事柄をわかりやすく解説します。

特徴2
一目でわかる図解
難しそうな事柄を、イラストを使ってわかりやすく丁寧に図解しています。

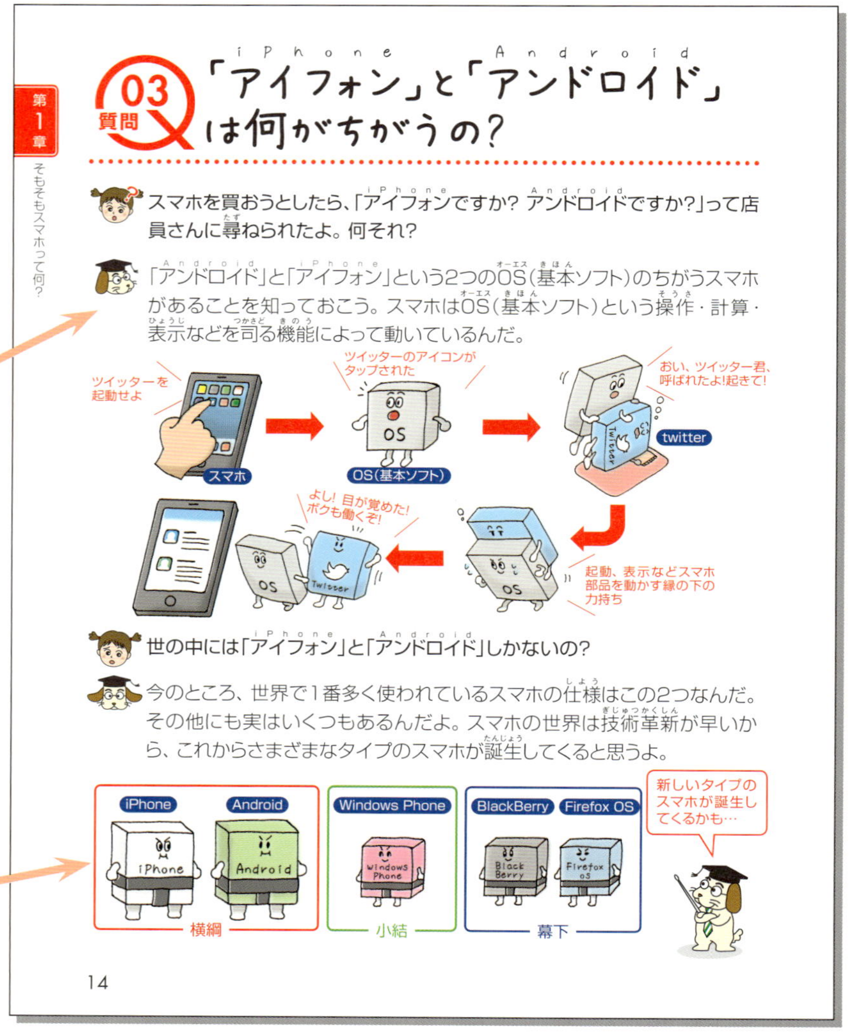
第1章 そもそもスマホって何？

質問03 「アイフォン《iPhone》」と「アンドロイド《Android》」は何がちがうの？

スマホを買おうとしたら、「アイフォン《iPhone》ですか？ アンドロイド《Android》ですか？」って店員さんに尋《たず》ねられたよ。何それ？

「アンドロイド《Android》」と「アイフォン《iPhone》」という2つのOS《オーエス》（基本《きほん》ソフト）のちがうスマホがあることを知っておこう。スマホはOS《オーエス》（基本《きほん》ソフト）という操作《そうさ》・計算・表示《ひょうじ》などを司《つかさど》る機能《きのう》によって動いているんだ。

ツイッターを起動せよ
スマホ
ツイッターのアイコンがタップされた
OS
OS（基本ソフト）
おい、ツイッター君、呼ばれたよ!起きて!
twitter
よし！目が覚めた！ボクも働くぞ！
起動、表示などスマホ部品を動かす縁の下の力持ち

世の中には「アイフォン《iPhone》」と「アンドロイド《Android》」しかないの？

今のところ、世界で1番多く使われているスマホの仕様《しよう》はこの2つなんだ。その他にも実はいくつもあるんだよ。スマホの世界は技術革新《ぎじゅつかくしん》が早いから、これからさまざまなタイプのスマホが誕生《たんじょう》してくると思うよ。

iPhone
Android
横綱
Windows Phone
小結
BlackBerry
Firefox OS
幕下
新しいタイプのスマホが誕生してくるかも…

14

最新情報について

本書の記述内容において、内容の間違い·誤植·最新情報の発生などがあった場合は、「C&R研究所のホームページ」にて、その情報をいち早くお知らせします。

URL　http://www.c-r.com　(C&R研究所のホームページ)

特徴3

見やすい大きな活字

ビギナーやシニア層にも読みやすいように大きめな活字を使っています。

そもそもSNS《エスエヌエス》っていつから始まったの?

世界初《はつ》のSNS《エスエヌエス》の概念《がいねん》を作ったアプリは、2002年に作られたフレンドスター《Friendster》という交流《こうりゅう》サイトといわれているんだ。この交流《こうりゅう》サイトは大ブームになり、一時《いちじ》は300万人もの会員がいたんだ。だけど、フェイスブック《Facebook》など新しいSNS《エスエヌエス》との競争《きょうそう》に敗《やぶ》れて、今は買収《ばいしゅう》されてマレーシアでゲーム交流《こうりゅう》サイトとなってるんだ。

Friendster
Myspace
Facebook
2001
2002
2003
2004
2005
2006
2011
2015年
Gocoo
Gree
mixi
Twitter
LINE
どんどん新しいサービスが生まれてるのね
それだけ競争が厳しいんだ。新しく斬新なサービスに乗り換える顧客が多いんだ

SNSの歴史

子供から大人まで、ツイッター《Twitter》やライン《LINE》など、SNS《エスエヌエス》が流行《りゅうこう》しているのはなぜですか?

いい質問だね。日本では、2004年にグリー《gree》やミクシー《mixi》などのSNS《エスエヌエス》が登場し、ユーザー同士の間で盛《も》り上がっていたんだよ。その後、ツイッター《Twitter》やライン《LINE》の登場により一気に普及《ふきゅう》していったんだ。スマホの普及《ふきゅう》と通信環境《つうしんかんきょう》の整備《せいび》によって、外出中でも電車の中でも通信《つうしん》ができるようになったことが爆発的《ばくはつてき》な広がりを見せた要因《よういん》だと思うよ。

29

第2章　そもそもツイッター・フェイスブック・ラインって何?

特徴4

難しい漢字・単語にルビを記載

読み方が難しい漢字や単語については、ルビを記載しています。

特徴5

解説のポイントを登場人物が補足

わかりにくい内容を理解しやすいように、登場人物がコメントで補足しています。

CONTENTS

第1章 そもそもスマホって何?

第2章 そもそもツイッター・フェイスブック・ラインって何?

第3章 そもそもパソコンって何?

CONTENTS

第7章 そもそもエクセルって何？

第8章 そもそもワードって何？

第9章 そもそもアクセスって何？

第1章

そもそもスマホって何?

質問01 スマホのはじまり

「スマホ」って変《へん》な言葉ね。

元は英語の「スマートフォン《SmartPhone》」で、これを略《りゃく》して「スマホ」と呼《よ》ぶようになったんだよ。スマートは「賢《かしこ》い、洗練《せんれん》された」という意味で、「賢《かしこ》い電話」ということだね。

あら、いろいろ略してるわ

元の言葉		略語
スマートフォン	→	スマホ
ONE PIECE	→	ワンピ
ミスターチルドレン	→	ミスチル
ハイテクノロジー	→	ハイテク
取扱説明書	→	トリセツ

日本人は昔から言葉を略して「粋な」使い方をするのが好きな民族だったんだ

「ケータイ」と「スマホ」って何がちがうの?

日本のケータイは独自《どくじ》に高機能《こうきのう》に進化した結果《けっか》、電話とメールやネット接続《せつぞく》など、スマホに近い機能《きのう》を持っているよ。でもケータイとスマホの大きなちがいは「機能《きのう》を自由に追加《ついか》できる」という点にあるといえるね。

ケータイの特徴《とくちょう》

- メーカーの用意した機能しか使えない
- 製品価格と月々の使用料は安い
- 画面が小さい
- バッテリーの持ちがよい

ケータイ

スマホ

スマホの特徴《とくちょう》

- LINEやTwitterなど必要なアプリを自由に入手できる
- 画面が大きく鮮明
- スマホを買い換えなくても最新のOSやアプリが自動的に更新される

そもそもスマホはいつごろに現《あらわ》れたの？

1990年代末から2000年代前半にかけて、ケータイや小型《こがた》パソコンの進化が進み、今のスマホの原型《げんけい》が次々と誕生《たんじょう》したんだ。

BlackBerry bold 9000 (2009)

Nokia 9210 Communicator(2001)

SHARP W-ZERO3(2005)

初期《しょき》のスマホは今のスマホとちがって形が複雑《ふくざつ》ね。

スマホに大きな革新《かくしん》をもたらしたのがアップル《Apple》社が開発したアイフォン《iPhone》なんだ。タッチパネルにボタンが1つだけというシンプルなスタイル、必要《ひつよう》な機能《きのう》（アプリ）を各自《かくじ》がネットから入手して自分仕様《じぶんしよう》のスマホにできる点が圧倒的《あっとうてき》な支持《しじ》を得《え》たんだ。

え？　ボタンが
1つしかないよ
Steve Jobs《スティーブ ジョブズ》
アップル社の創業者
iPhoneを発明した人
パネルを指先でタッチして使う画期的な操作方法を取り入れたのは創業者のスティーブ・ジョブズ氏の発想だったんだ

初期のiPhone

タッチパネルで操作《そうさ》するなんてアップル《Apple》社の技術力《ぎじゅつりょく》はすごいね！

実はアイフォン《iPhone》の中身の多くは日本のメーカーが開発した部品が使われているんだ。スティーブ・ジョブズのすごいところは、キーボードやマウスを使わずにタッチパネルだけで操作《そうさ》できるようにするという着想《ちゃくそう》を、困難《こんなん》だと主張《しゅちょう》する技術《ぎじゅつ》チームを説得《せっとく》して実現《じつげん》したところにあるんだ。アイフォン《iPhone》の成功《せいこう》を境《さかい》に、このスタイルがスマホの標準《ひょうじゅん》として他社《たしゃ》も真似《まね》をしていくことになったんだ。

質問02 スマホは何に使えるのか

スマホを買ったらすぐにツイッター《Twitter》とかゲームとかやってみたいな。

待って！　実は買ったばかりのスマホにはツイッター《Twitter》もゲームも入っていないんだ。スマホを設定《せってい》するツールやメールやカメラなど、基本的《きほんてき》な機能《きのう》以外《いがい》は何も入っていないんだよ。

それじゃあ、ケータイより機能《きのう》が低《ひく》いじゃん。信《しん》じられない!

大丈夫《だいじょうぶ》。欲《ほ》しい機能《きのう》はネットの専用《せんよう》の場所から、自分で手に入れる仕組《しく》みが用意されているよ。ケータイはメーカーが用意した機能《きのう》しか使えないけど、スマホは必要《ひつよう》な機能《きのう》をどんどん入手《にゅうしゅ》して、自分だけの使いやすい環境《かんきょう》を作れるんだ!

App Store
Google Play
iPhoneはApp Storeからアプリをゲットするよ
AndroidはGoogle Playからアプリを手に入れるのね

はかせ。今更《いまさら》だけど、そもそも「アプリ」って何?

いい質問だよ、ななちゃん。アプリは「アプリケーション《Application》」の略《りゃく》で、パソコンやスマホで動かすプログラムのことなんだ。ツイッター《Twitter》やライン《LINE》はそれぞれが独立《どくりつ》したアプリという訳《わけ》だね。このアプリを入手《にゅうしゅ》することを「アプリをダウンロードする」ということもあるよ。

これもこれも、みんな「アプリ」なのね
必要なアプリをストアから入手することを「ダウンロードする」ともいうよ
映画＆テレビ
書籍
コードを利用
ギフトカードを購入
スターターキット
アプリ＆ゲーム
もっと見る
Facebook
Twitter
今週のおすすめゲーム
もっと見る

どんなアプリがあるの?

大きく分けると次のようなジャンルがあるよ。登録《とうろく》されているアプリは日本は世界で1番多いといわれているくらいアプリ天国なんだよ。

ビジネス・投資
ニュース
電子書籍
健康・メディカル
ゲーム
飲食店・料理レシピ
便利ツール
検索
スケジュール
SNS・チャット
動画・音楽
カメラ・写真加工
地図・ナビ・旅行

質問 03 「アイフォン《iPhone》」と「アンドロイド《Android》」は何がちがうの？

スマホを買おうとしたら、「アイフォン《iPhone》ですか？ アンドロイド《Android》ですか？」って店員さんに尋《たず》ねられたよ。何それ？

「アンドロイド《Android》」と「アイフォン《iPhone》」という2つのOS《オーエス》（基本《きほん》ソフト）のちがうスマホがあることを知っておこう。スマホはOS《オーエス》（基本《きほん》ソフト）という操作《そうさ》・計算・表示《ひょうじ》などを司《つかさど》る機能《きのう》によって動いているんだ。

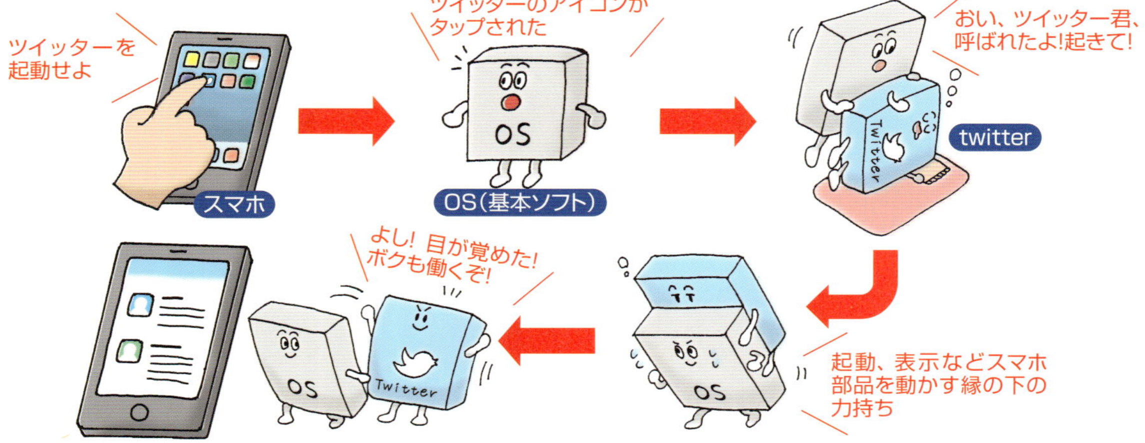

世の中には「アイフォン《iPhone》」と「アンドロイド《Android》」しかないの？

今のところ、世界で1番多く使われているスマホの仕様《しよう》はこの2つなんだ。その他にも実はいくつもあるんだよ。スマホの世界は技術革新《ぎじゅつかくしん》が早いから、これからさまざまなタイプのスマホが誕生《たんじょう》してくると思うよ。

アンドロイド《Android》のスマホは誰《だれ》が作ったの?

アンドロイド《Android》は検索《けんさく》サイト「グーグル《Google》」で有名なグーグル《Google》社が開発したスマホのOS《オーエス》(基本《きほん》ソフト)なんだ。アンドロイド《Android》は無料《むりょう》で使用できるように公開されているから、アジア・ヨーロッパ・アメリカ・中東《ちゅうとう》など、世界中のスマホメーカーがアンドロイド《Android》仕様《しよう》のスマホを作って販売《はんばい》し、出荷台数《しゅっかだいすう》も世界一なんだよ。

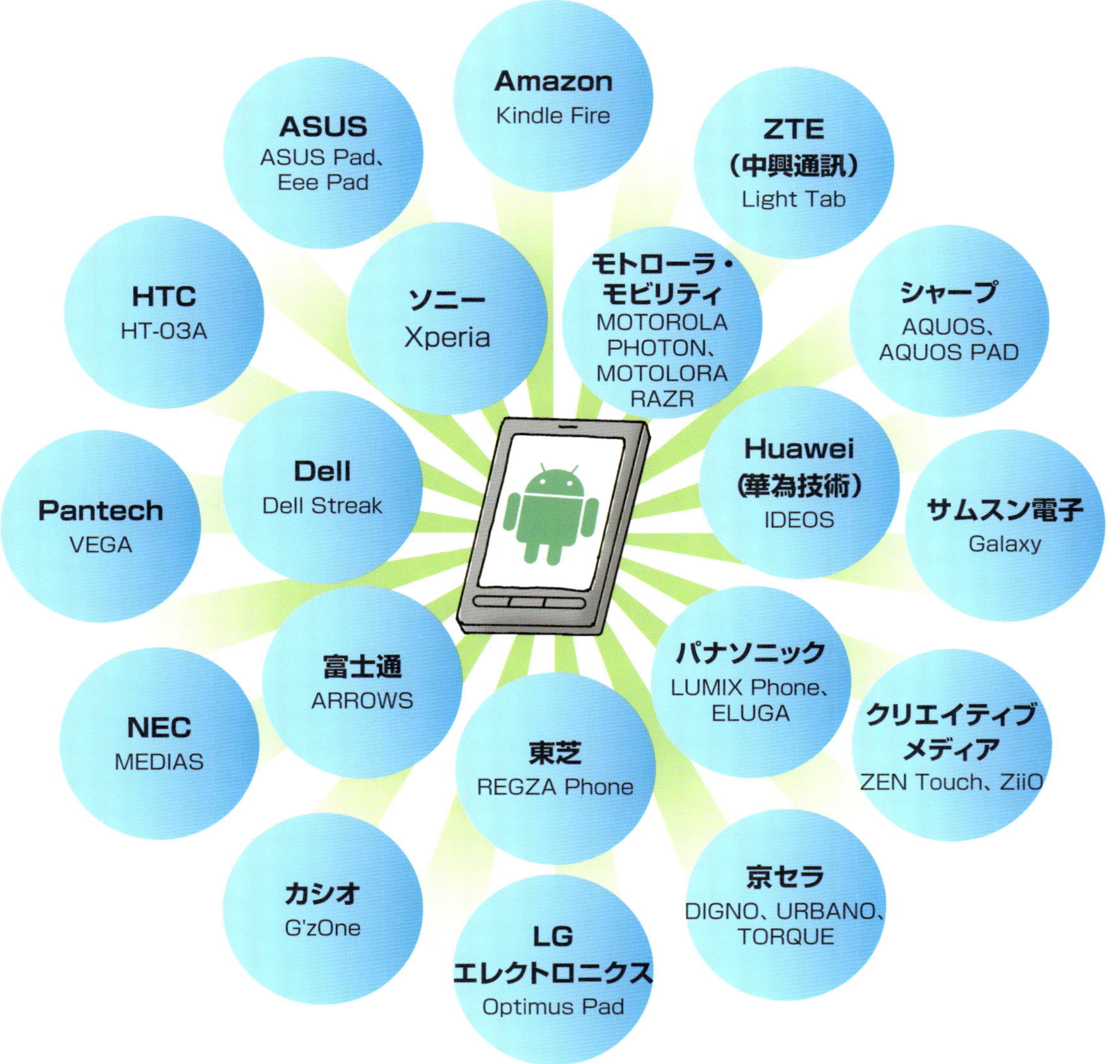

え?　じゃあ、アイフォン《iPhone》は負けているの?

アイフォン《iPhone》は1社だけが製造《せいぞう》するスマホとしたら世界一の出荷量《しゅっかりょう》だよ。今のスマホのスタイルを発明した先駆者《せんくしゃ》だから、世界中に「アップル・フリーク」と呼《よ》ばれる熱烈《ねつれつ》なファンがいて支持《しじ》されているんだ。アンドロイド《Android》陣営《じんえい》はアップル社のアイフォン《iPhone》を追いかけて開発してきたんだ。

どちらを選択《せんたく》すればいいの?

それぞれ特徴《とくちょう》があるから、目指《めざ》す使い方や、事情《じじょう》に合わせて選《えら》んでいいんだよ。ななちゃんはご両親《りょうしん》とよく相談《そうだん》してから買うかどうか決めてね!

iPhoneの特徴《とくちょう》

- アップル社がチェック済みのアプリを提供するから比較的に安全性は高い
- アプリの入手先はApp Storeに一元化されている
- 基本ソフトのアップデートをアップル社が提供する
- 時計型やタブレット型などとの連携ができる
- アップル社が運営する音楽ストア「iTunesストア」との連携ができる
- 新機種でも操作方法が同じなのでユーザーにとっては使いやすい

Androidの特徴《とくちょう》

- いろいろな人がアプリ作りに参加するので豊富なアプリが作られている
- アプリが豊富な反面、中にはハッキングソフトやウイルスなどの悪質なアプリも存在し対策ソフトなどが必要
- Google Playの他にもアプリ入手先は複数ある
- OS(基本ソフト)のアップデートはない(メーカーまかせ)
- ワンセグ、防水、お財布ケータイなど、製造メーカー独自の機能を付けた機種がある
- 機種やメーカーによって操作方法が異なることがある

iPhone

はかせは
どっち派?
立場上、どちらとは
言えません!
ポロリ
本当はiPhoneを
使っているはかせ

Android

質問04 どの電話会社を選《えら》べばいいの？

スマホを買おうとすると、家電《かでん》ショップや電話会社のショップなど、あまりに多くてよくわからなくなるよ。

だよね。まずは電話会社について考えていこう。日本全国でつながる大きな携帯《けいたい》電話の会社は、ドコモ《docomo》、ソフトバンク《SoftBank》、エーユー《au》の3社なんだ。それぞれの会社によって月々《つきづき》の基本料金《きほんりょうきん》やサービス内容《ないよう》も異《こと》なるんだよ。たとえばこの3社で同じアイフォン《iPhone》を扱《あつか》っているけれど、各社《かくしゃ》が独自《どくじ》の値段《ねだん》とサービスを打《う》ち出しているんだ。その時期《じき》だけのキャンペーンもあるから、よく比較《ひかく》して選《えら》ぶといいね。

スマホの種類《しゅるい》もサービスもたくさんありすぎて選《えら》べなくなるなー。どうしよう。

次のチェックリストを記入して「自分がスマホを何に使いたいのか」目的《もくてき》を

はっきりさせると、機種《きしゅ》や電話会社選《えら》びもスムーズにいくと思うよ。これをもってショップの店員さんに相談《そうだん》してみるといいよ。

〈機種選びのためのチェックリスト〉

1. できるだけ安さを重視する　YES □　NO □
2. 屋外や海などで使用する場合が多い　YES □　NO □
3. 音楽や動画を頻繁《ひんぱん》に視聴する　YES □　NO □
4. 自宅やオフィスでの使用が多い　YES □　NO □
5. 通話やメールだけできればいい　YES □　NO □
6. かわいくオシャレなスマホが欲しい　YES □　NO □
7. 高級感やデザイン性を重視する　YES □　NO □
8. 写真や動画の撮影が多い　YES □　NO □
9. 外出が多いため電池が長時間持ってほしい　YES □　NO □
10. お財布ケータイが必要　YES □　NO □
11. ワンセグでテレビを見たい　YES □　NO □
12. 新幹線のトンネルの中でも通信したい　YES □　NO □
13. 通信はできるだけ高速がいい　YES □　NO □
14. 取引先や友人などとの通話が多い方だ　YES □　NO □

低価格お手軽コース
おしゃれカワイイコース
高機能高価格コース
わたしはおしゃれなスマホがいいな

質問05 「3G」「4G」「LTE《エルティーイー》」って何の記号？

はかせ、大変《たいへん》です。せっかくスマホを買っても、通信《つうしん》するためには3Gや4GやLTE《エルティーイー》という通信設備《つうしんせつび》が必要《ひつよう》になるみたい！

ななちゃん、あわてないで。それはスマホが対応《たいおう》している通信《つうしん》の規格《きかく》の名前だよ。3G→4Gなど数字が大きくなるほど高速《こうそく》に通信《つうしん》できるんだ。「LTE《エルティーイー》」や「WiMAX2《ワイマックス》」も4Gという規格《きかく》に属《ぞく》する通信規格《つうしんきかく》なんだ。

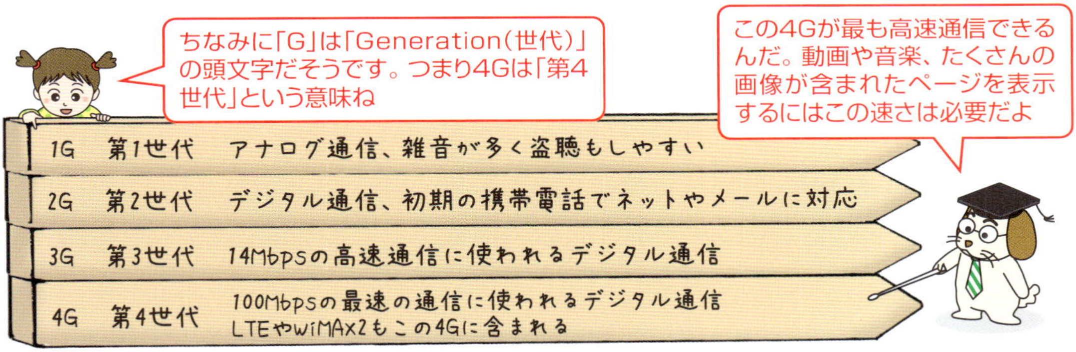
ちなみに「G」は「Generation（世代）」の頭文字だそうです。つまり4Gは「第4世代」という意味ね
この4Gが最も高速通信できるんだ。動画や音楽、たくさんの画像が含まれたページを表示するにはこの速さは必要だよ
1G　第1世代　アナログ通信、雑音が多く盗聴もしやすい
2G　第2世代　デジタル通信、初期の携帯電話でネットやメールに対応
3G　第3世代　14Mbpsの高速通信に使われるデジタル通信
4G　第4世代　100Mbpsの最速の通信に使われるデジタル通信
LTEやWiMAX2もこの4Gに含まれる

じゃあ、みんな4Gで通信《つうしん》すればいいんだね。

そうはいかないんだ。4G対応《たいおう》の通信基地《つうしんきち》に設置《せっち》してある電波塔《でんぱとう》から送信《そうしん》される電波《でんぱ》の届《とど》く範囲《はんい》にないと、4Gによる通信《つうしん》はできないんだ。3G対応《たいおう》の基地《きち》は全国に充実《じゅうじつ》しているから、4G通信《つうしん》ができない環境《かんきょう》では3Gの電波《でんぱ》を拾《ひろ》えることが多い。だから今は3Gと4Gは共存《きょうぞん》しているといえるね。

ここでは4Gで通信できるよ
ここでは3Gでしか通信できないよートホホ…
4G
3G
3G
4G
4G
3G

日本中、どこにいても3Gか4Gで通信《つうしん》できるの？

残念《ざんねん》ながらそうではないんだよ。トンネルの中、ビルの影《かげ》や地下室、海の上、飛《と》んでいる飛行機《ひこうき》の中、山岳地帯《さんがくちたい》など、電話会社の電波塔《でんぱとう》の電波《でんぱ》が届《とど》きにくい場所は、けっこうあるものなんだ。

電話会社によって、つながりやすさに差はあるの？

いい質問だよ。電話会社によって3Gと4Gの電波塔《でんぱとう》の設備《せつび》数には格差《かくさ》があるんだ。大都市に強いとか、地方に強いとか、網羅的《もうらてき》に全国をカバーしているとかの特徴《とくちょう》があるよ。ドコモ《docomo》、ソフトバンク《SoftBank》、エーユー《au》の差は近年は少なくなってきたけど、つながりやすさと通信《つうしん》の安定度では歴史《れきし》の長いドコモに一日《いちじつ》の長《ちょう》があるね。

スマホの通信《つうしん》速度はもっと速くならないのかなぁ。

実は4Gより1.5倍ほど高速《こうそく》な通信規格《つうしんきかく》「PREMIUM《プレミアム》 4G」が使えるようになっているよ。さらに4Gの1000倍の通信《つうしん》スピードの5Gのサービスも始まっているんだ。ななちゃんが中学生か高校生になるころには6Gの世界を楽しめるかもね。

質問06 ワイファイ《Wi-Fi》と無線LAN《むせんラン》は同じ？ 別物？

はかせ、自宅でスマホを使うときには、ワイファイ《Wi-Fi》を使った方がいいって電話会社の人に言われてたんだけどなぜ？　なくても通信《つうしん》できるのに…

電話会社は通信《つうしん》の渋滞《じゅうたい》を防《ふせ》ぐために、1カ月に通信《つうしん》できるデータ量《りょう》の上限《じょうげん》を設定《せってい》しているんだ(3〜7GB《ギガバイト》)。これを超《こ》えてしまうと、通信《つうしん》速度が極端《きょくたん》に遅《おそ》くなるような仕組《しく》みにしてあるんだよ。普通《ふつう》の使い方では超《こ》えることはまずないけれど、動画・音楽・画像《がぞう》を大量《たいりょう》にやり取りする使い方をする人は要注意《ようちゅうい》だよ。

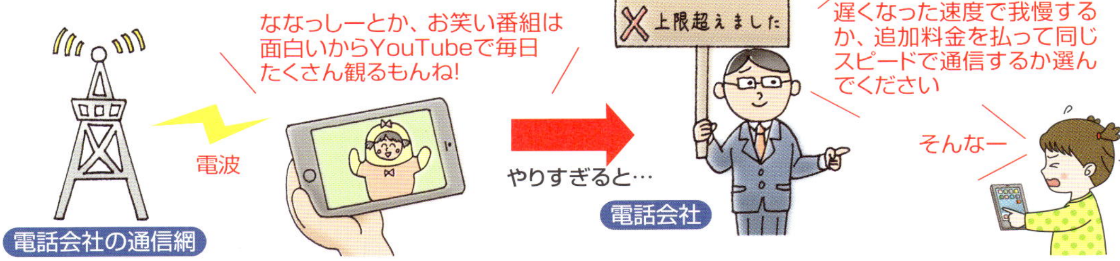
ななっしーとか、お笑い番組は面白いからYouTubeで毎日たくさん観るもんね!
電話会社の通信網
電波
やりすぎると…
上限超えました
電話会社
遅くなった速度で我慢するか、追加料金を払って同じスピードで通信するか選んでください
そんなー

通信量《つうしんりょう》に制限《せいげん》があるなんて、何だか不安になってきた。どうすればいいの？

そこでワイファイ《Wi-Fi》が役に立つんだ。ワイファイ《Wi-Fi》は無線LAN《むせんラン》の規格《きかく》の1つだよ。ワイファイ《Wi-Fi》を使うには建物《たてもの》に無線LAN《むせんラン》ルータ(インターネット接続《せつぞく》のための電波《でんぱ》を発信《はっしん》する機器《きき》)が設置《せっち》されている必要《ひつよう》があるんだよ。ワイファイ《Wi-Fi》を使うと、電話会社の通信網《つうしんもう》を使わないでインターネットとの通信《つうしん》ができるようになるんだ。それにカフェや空港《くうこう》など公共の場所では無料《むりょう》でワイファイ《Wi-Fi》を利用できるサービスが広がっているんだ。

電波
電波
無線LANルータ
スマホ
パソコン
ワイファイを使うと電話会社の通信網を使わずにインターネットに接続できるようになるんだ

ワイファイ《wi-Fi》の電波《でんぱ》を飛《と》ばす機器《きき》は、どこの家にもあるものなの?

最近《さいきん》では家やオフィスにはインターネットにつながる環境《かんきょう》を作っているケースが多いと思うよ。そのインターネット回線《かいせん》に無線《むせん》LAN《ラン》ルータと呼《よ》ばれる機器《きき》(4000円~10000円くらい)を接続《せつぞく》すると、ワイファイ《wi-Fi》をスマホやパソコンで使えるようになるよ。

インターネット環境《かんきょう》がない家ではどうやればいいの?

その場合は、プロバイダ(インターネットへの接続《せつぞく》を行う会社)と契約《けいやく》して、ネット回線《かいせん》を家に設置《せっち》する工事をする必要《ひつよう》があるんだ。これは個人《こじん》でやってもいいし、わからなかったら家電《かでん》ショップやプロバイダ業者《ぎょうしゃ》に相談《そうだん》すると、工事や機器《きき》の設置《せっち》や接続《せつぞく》テストも含《ふく》めてやってくれるよ。

❶ プロバイダを検討する → ❷ プロバイダと契約する → ❸ 回線の引き込み工事に来てもらう → ❹ 無線ランルータの購入 → ❺ 無線ランの設定 → ❻ スマホでの接続設定・テスト → ❼ 完了

家にインターネット環境《かんきょう》を作る方法《ほうほう》は、最近《さいきん》増えていて、家電《かでん》ショップ、プロバイダ、携帯《けいたい》電話会社、電力会社などが設置《せっち》サービスをやっているよ。その他に、ケーブルテレビ会社と契約《けいやく》すると、ケーブルテレビの視聴《しちょう》とネット接続《せつぞく》をセットで提供《ていきょう》するサービスもあるよ。

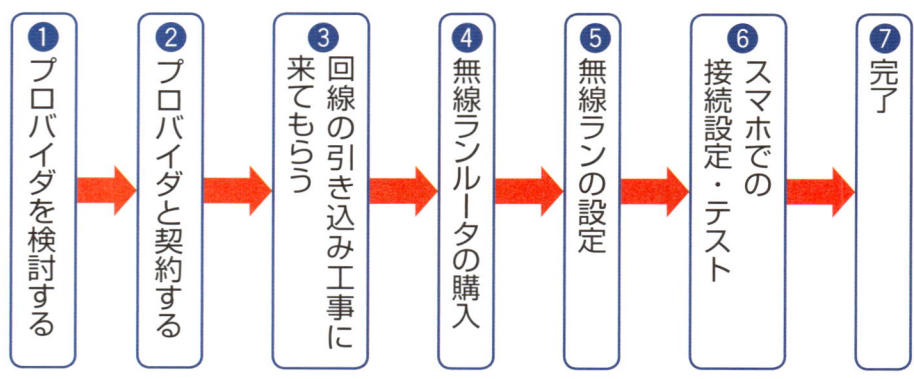

質問07 形から見たスマホの種類《しゅるい》

はかせ。ケータイショップに行くと、大中小といろんな形のスマホが並《なら》んでいるよ。どれを選《えら》べばいいの？　やっぱり大きいのがいいのかな？

メーカーや機種《きしゅ》によって、さまざまなサイズから選《えら》べるようになっているね。大きく分けると、スマホとタブレット（大きめの画面）に分けられるよ。スマホは外出時に服やカバンのポケットに入れておき、片手《かたて》で持てるサイズだよ。タブレットは電子ブックやビジネスの現場《げんば》で使うような画面サイズが大きく設計《せっけい》されているんだ。

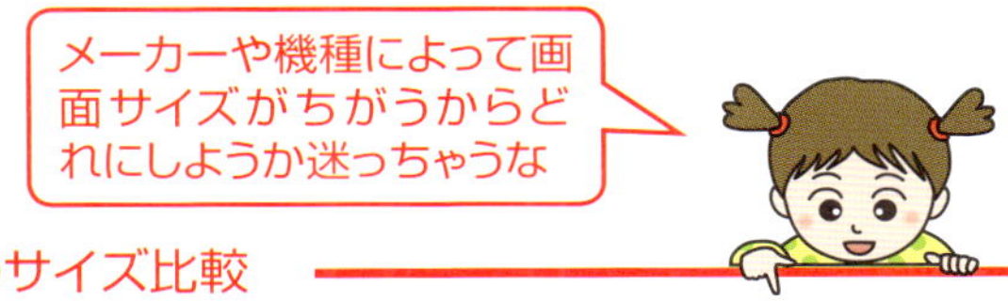
メーカーや機種によって画面サイズがちがうからどれにしようか迷っちゃうな

スマホのサイズ比較

iPhone5s
iPhone6 Plus
Xperia Z(UL)
Xperia Z2
LG G2
GALAXY Note3

タブレットのサイズ比較

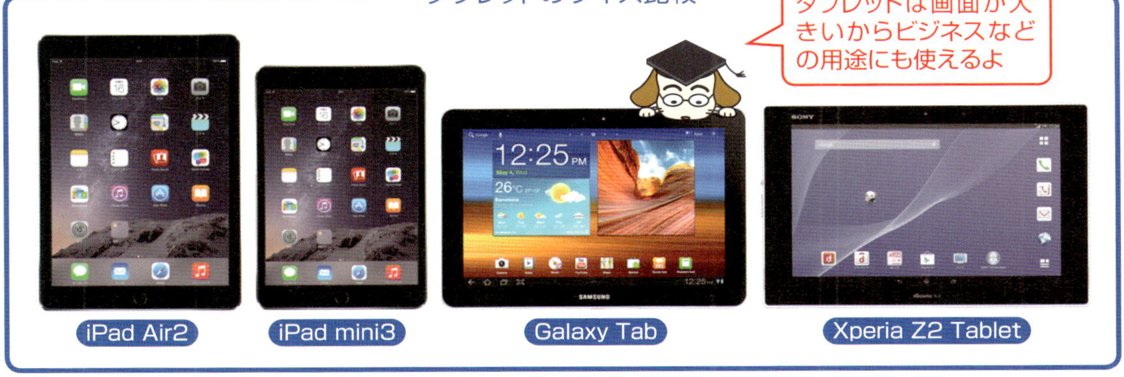
タブレットは画面が大きいからビジネスなどの用途にも使えるよ
iPad Air2
iPad mini3
Galaxy Tab
Xperia Z2 Tablet

月々《つきづき》の維持費《いじひ》がゼロ円のタブレットがあるって聞いたけど本当なの？

それは「ワイファイ《wi-Fi》タイプ」と呼《よ》ばれる機種《きしゅ》だね。タブレットには同じ機種《きしゅ》でもワイファイ《wi-Fi》接続《せつぞく》だけに対応《たいおう》した機種《きしゅ》と、ワイファイ《wi-Fi》接続《せつぞく》と電話機能《きのう》が付いている機種《きしゅ》の2種類《しゅるい》が用意されていることが多いんだ。ワイファイ《wi-Fi》が利用できる環境《かんきょう》で使うなら、ワイファイ《wi-Fi》タイプの方が機種代《きしゅだい》も安いし、月々《つきづき》の固定料金《こていりょうきん》もかからないよ。

- Wi-Fiタイプより価格は高い
- 月々の固定料金がかかる
- いつでもどの場所からでも通信できる

Wi-Fi+通話機能タイプ
見た目は同じなんだね
Wi-Fiタイプ
タブレット
タブレット

- 比較的に価格は安め
- 月々の固定料金はかからない
- Wi-Fi環境がないと使えない

ということは、せっかくワイファイ《wi-Fi》タイプのタブレットを買っても、ワイファイ《wi-Fi》環境《かんきょう》が整《ととの》った自宅かカフェでしか使えないのね。残念《ざんねん》…

それが、使う方法《ほうほう》は次の2つあるんだ。

モバイルWi-Fiルータ

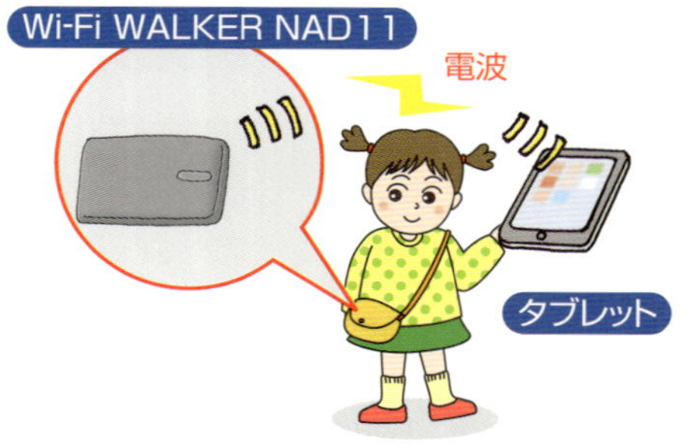
Wi-Fi WALKER NAD11
電波
タブレット

小型のWi-Fi通信専用の機器で、月々3000〜4000円の使用料金がかかる。電車の中や出張先でも使用できる。

スマホを使ったテザリング

これでワイファイ環境でない場所でもネット接続できるようになるね
電波
電波塔
スマホ
タブレット

スマホを持っているのなら、テザリング機能というスマホの通信機能を利用してタブレットをネット接続できる。

質問08 スマホがわかりにくいといわれる原因

とうとうスマホを買ってもらったのだけど、箱を開けてみたら操作説明書《そうさせつめいしょ》が入ってないよ。これじゃあ、どうやって使うのかわからないよ。

ほとんどのスマホには詳《くわ》しい操作説明書《そうさせつめいしょ》は付いていないんだ。スマホの動作を設定《せってい》したり、フォルダ(データファイルの入れ物)を作ったり消したりなどの操作《そうさ》は、ネットや本や雑誌《ざっし》で調べたり、知っている人に聞いたりしないとダメなんだ。ここが一般的《いっぱんてき》な家電《かでん》とちがって、スマホがわかりにくいといわれる点だよね。

じゃあ、どうやってスマホの操作方法《そうさほうほう》を知ればいいの?

雑誌《ざっし》や書籍《しょせき》にも載《の》っているし、ネットでは無料《むりょう》でマニュアルなどが公開されているね。第5章で述《の》べるように、グーグル《Google》などの検索機能《けんさくきのう》を使って調べてみよう。

買ったばかりの状態《じょうたい》ではライトを点灯《てんとう》したり、QR《キューアール》コードを読み込《こ》んだり、検索《けんさく》したりする機能《きのう》が何も入ってないよ。

必要《ひつよう》な機能《きのう》はネット上のストアからアプリを入手して使うんだよ。この一手間《ひとてま》かかるところがスマホのカスタマイズの面白さだという面もあるけど、確《たし》かにわかりにくいよね。

お年寄《としよ》りや障害《しょうがい》がある方には、うまく目的《もくてき》の部分をタッチできなかったり、文字が小さすぎて見えにくかったりすることがあるんじゃないの?

スマホはそのことも配慮《はいりょ》していて、文字の大きさや太さを設定《せってい》できる視覚《しかく》サポート機能《きのう》、補聴器《ほちょうき》への対応《たいおう》や光で電話着信《ちゃくしん》を知らせる聴覚《ちょうかく》サポート、指での細《こま》かい操作《そうさ》を必要《ひつよう》としない補助機能《ほじょきのう》が用意されているよ。

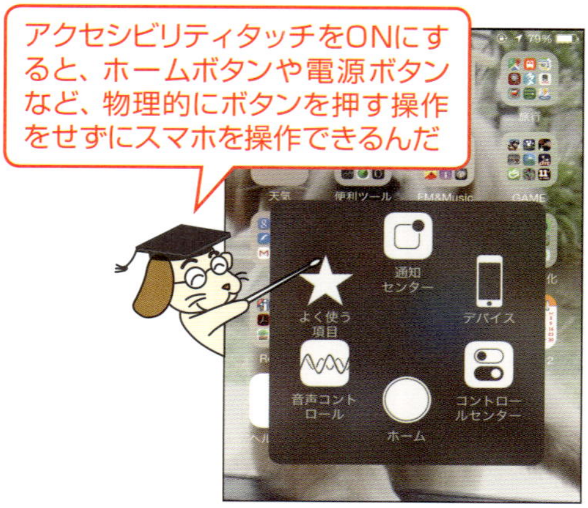

アクセシビリティタッチ

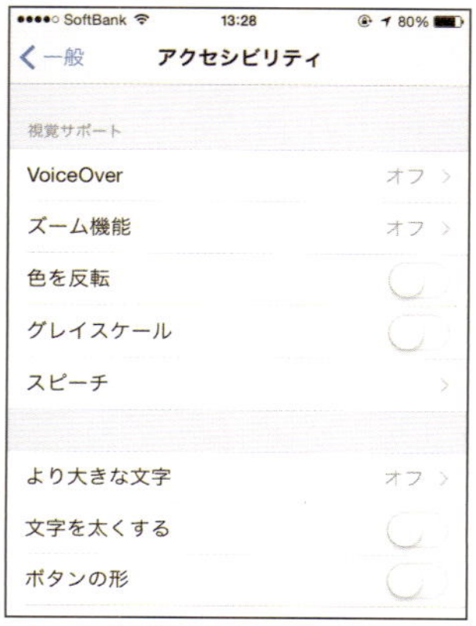

視覚サポート機能

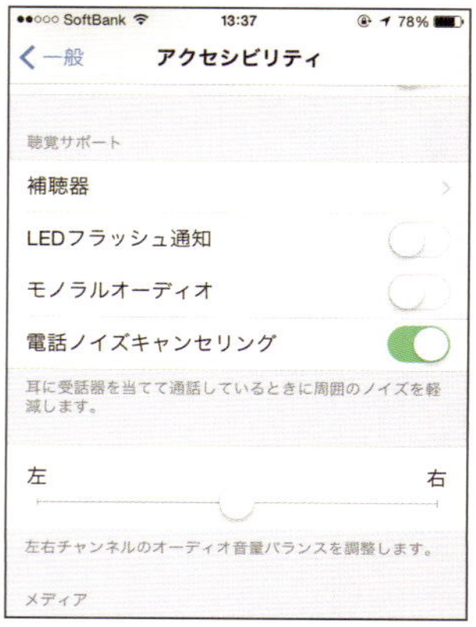

聴覚サポート機能

第2章

そもそもツイッター・フェイスブック・ラインって何?

09 質問 そもそもSNS《エスエヌエス》って何?

はかせ、大変《たいへん》です! 事件《じけん》です! せっかくスマホを買ってもらったのに、その中にみんなやっていると噂《うわさ》のSNS《エスエヌエス》というアプリが入ってないんです! 不良品《ふりょうひん》かな? 電話しなくちゃ!

慌《あわ》てないで、ななちゃん。SNS《エスエヌエス》というアプリはないんだよ。SNS《エスエヌエス》とは「Social《ソーシャル》 Networking《ネットワーキング》 Service《サービス》」の略《りゃく》で、ツイッター《Twitter》やフェイスブック《Facebook》やライン《LINE》などの友達の輪《わ》を増やし、交流《こうりゅう》するためのサービスの総称《そうしょう》なんだ。

大勢の人が立ち寄り交流する場所を総称して「SNS」と呼ぶんだよ
twitter
Facebook
LINE
インターネット通り
面白そう!
気になるなあ
おっ!

大勢《おおぜい》の人が集まるなら検索《けんさく》サイトやホームページも同じだよね。

うん、大勢《おおぜい》の人が集まるという意味では近いんだけど、ちょっとちがうんだ。大切なのは、今まで知らなかった人たちが共通の趣味《しゅみ》や話題《わだい》で交流《こうりゅう》するという点がSNS《エスエヌエス》の最大《さいだい》の特徴《とくちょう》なんだ。参加《さんか》するのも自由、休むのも脱退《だったい》するのも自由、気軽に不特定多数《ふとくていたすう》の人とコミュニケーションを取れるという点が、SNS《エスエヌエス》が広く受け入れられた要因《よういん》なんだ。

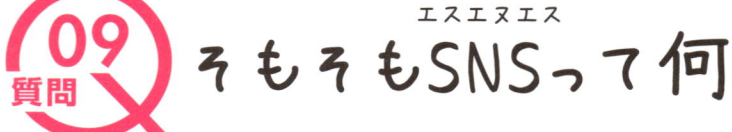

そもそもSNS《エスエヌエス》っていつから始まったの?

世界初《はつ》のSNS《エスエヌエス》の概念《がいねん》を作ったアプリは、2002年に作られたフレンドスター《Friendster》という交流《こうりゅう》サイトといわれているんだ。この交流《こうりゅう》サイトは大ブームになり、一時《いちじ》は300万人もの会員がいたんだ。だけど、フェイスブック《Facebook》など新しいSNS《エスエヌエス》との競争《きょうそう》に敗《やぶ》れて、今は買収《ばいしゅう》されてマレーシアでゲーム交流《こうりゅう》サイトとなってるんだ。

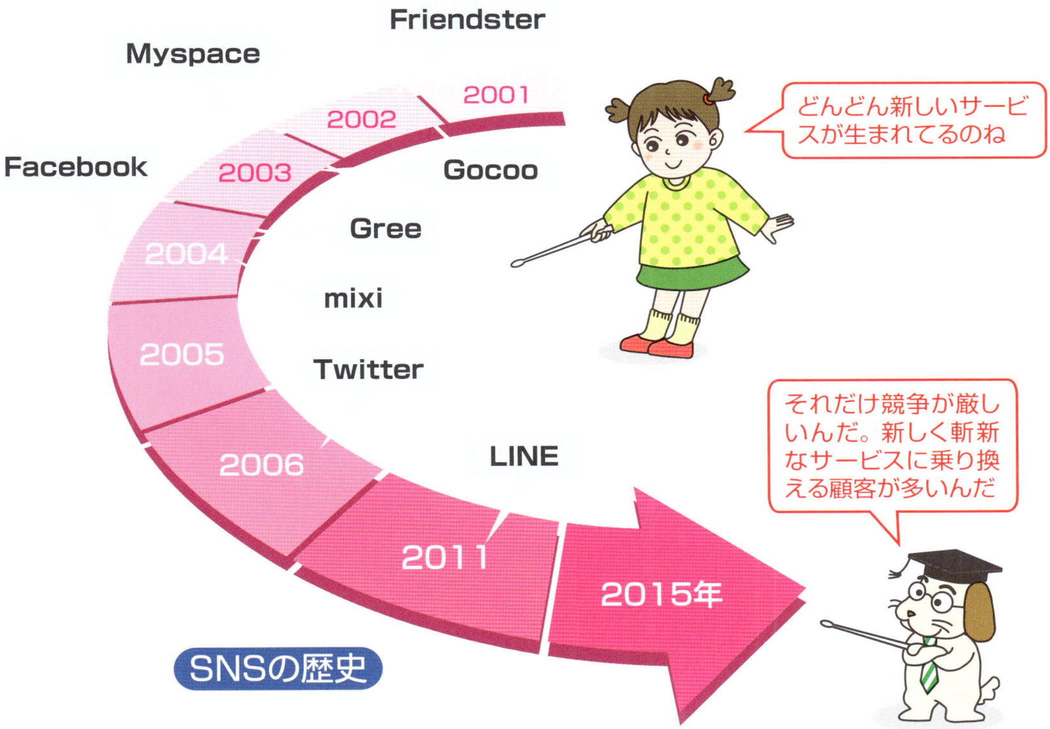

SNSの歴史

子供から大人まで、ツイッター《Twitter》やライン《LINE》など、SNS《エスエヌエス》が流行《りゅうこう》しているのはなぜですか?

いい質問だね。日本では、2004年にグリー《gree》やミクシー《mixi》などのSNS《エスエヌエス》が登場し、ユーザー同士の間で盛《も》り上がっていたんだよ。その後、ツイッター《Twitter》やライン《LINE》の登場により一気に普及《ふきゅう》していったんだ。スマホの普及《ふきゅう》と通信環境《つうしんかんきょう》の整備《せいび》によって、外出中でも電車の中でも通信《つうしん》ができるようになったことが爆発的《ばくはつてき》な広がりを見せた要因《よういん》だと思うよ。

SNS《エスエヌエス》ってどんな種類《しゅるい》があるの?

大きく分けると次の4つに分類《ぶんるい》されるよ。SNS《エスエヌエス》は有名なツイッター《Twitter》やフェイスブック《Facebook》から、ほとんど知られていないサービスまで、無数《むすう》にあるんだよ。ちなみに「魚釣《つ》りSNS《エスエヌエス》」とか「転職SNS《てんしょくエスエヌエス》」とか「山登りSNS《エスエヌエス》」で検索《けんさく》するとその多さにびっくりするよ。

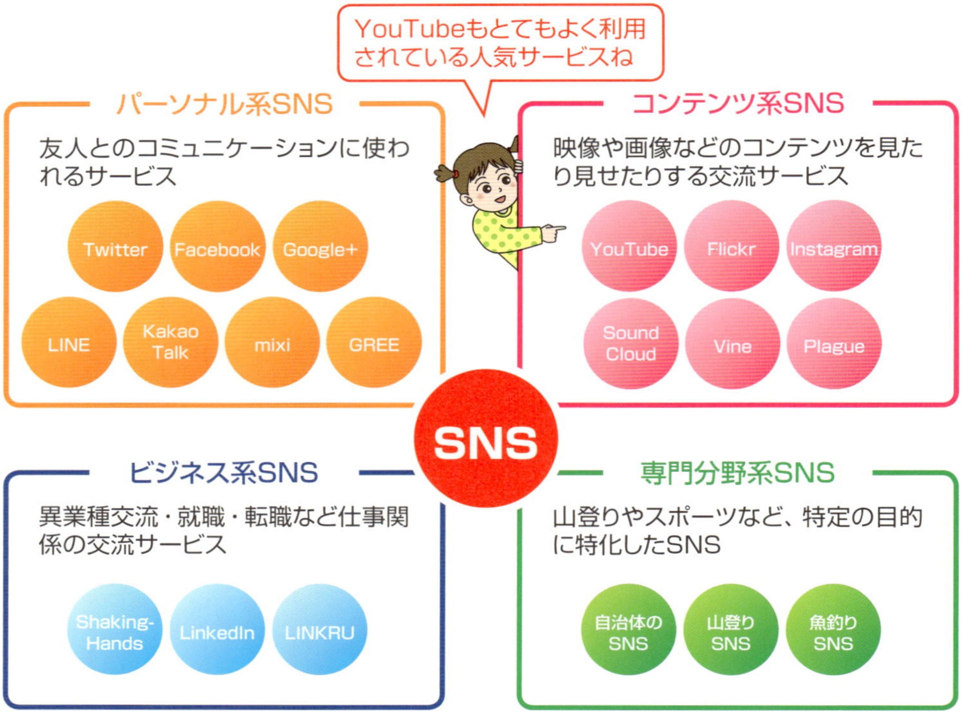
YouTubeもとてもよく利用されている人気サービスね
パーソナル系SNS
友人とのコミュニケーションに使われるサービス
Twitter
Facebook
Google+
LINE
Kakao Talk
mixi
GREE
コンテンツ系SNS
映像や画像などのコンテンツを見たり見せたりする交流サービス
YouTube
Flickr
Instagram
Sound Cloud
Vine
Plague
SNS
ビジネス系SNS
異業種交流・就職・転職など仕事関係の交流サービス
Shaking-Hands
LinkedIn
LINKRU
専門分野系SNS
山登りやスポーツなど、特定の目的に特化したSNS
自治体のSNS
山登りSNS
魚釣りSNS

TwitterとLINEとFacebookは3大SNSと呼ばれているよ

種類	内容
Twitter	140文字以内の短い文章で言いたいことを呟く。匿名での登録ができ、不特定多数との開いた交流向き。有名人との交流も可能
LINE	許可した人とだけ会話する完全に閉じられた個室のような交流に向く。無料での通話もできる
Facebook	実名登録で交流する比較的閉じられた範囲での交流に向く。友達申請して許可された相手とだけ会話できる
Google+	実名登録で比較的不特定多数と開いた交流に向く
Instagram	自分で撮った写真を公開して交流する
SoundCloud	自分で作った曲を公開して交流する。バンドメンバーを見つけたり、デビューのきっかけになるかも

質問 10

「ツイッター《Twitter》」って何？

そもそもツイッター《Twitter》って何？

ツイッター《Twitter》は2006年に開始されたサービスで、140文字という制限《せいげん》の中で短い呟《つぶや》き（これをツイート《tweet》という）をフォロワー（自分の書き込《こ》みを読む約束《やくそく》をした人）に向けて発信《はっしん》するのが特徴《とくちょう》だよ。このツイッター《Twitter》の基本構想《きほんこうそう》は、開発者のジャック・ドーシーが2000年に思いついたアイデアなんだ。

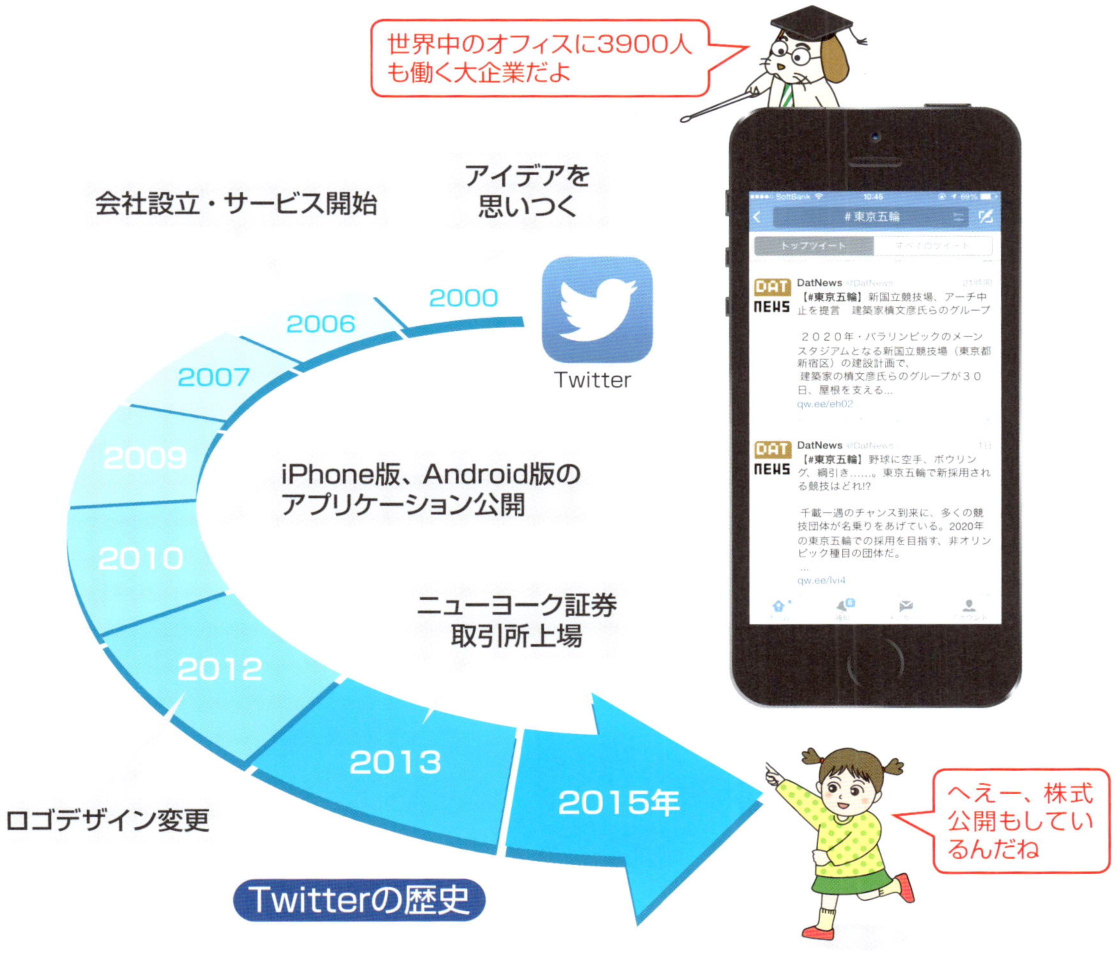
世界中のオフィスに3900人も働く大企業だよ
会社設立・サービス開始
アイデアを思いつく
2000
2006
2007
2009
2010
2012
2013
2015年
Twitter
iPhone版、Android版のアプリケーション公開
ニューヨーク証券取引所上場
ロゴデザイン変更
Twitterの歴史
SoftBank 10:45 89%
東京五輪
トップツイート
すべてのツイート
DatNews @DatNews
【#東京五輪】新国立競技場、アーチ中止を提言　建築家槇文彦氏らのグループ
２０２０年・パラリンピックのメーンスタジアムとなる新国立競技場（東京都新宿区）の建設計画で、
建築家の槇文彦氏らのグループが３０日、屋根を支える...
qw.ee/eh02
DatNews @DatNews 1日
【#東京五輪】野球に空手、ボウリング、綱引き……。東京五輪で新採用される競技はどれ!?
千載一遇のチャンス到来に、多くの競技団体が名乗りをあげている。2020年の東京五輪での採用を目指す、非オリンピック種目の団体だ。
...
qw.ee/lvi4
へえー、株式公開もしているんだね

なぜ140文字しか入力できないの?

ツイッター《Twitter》が生まれたアメリカでは、相手先の電話番号だけでメッセージが手軽に送受信《そうじゅしん》できるショートメッセージサービス(SMS)を利用してツイッター《Twitter》に書き込《こ》みしていたのに由来《ゆらい》するんだ。ショートメッセージサービスは160文字という制限《せいげん》があり、ツイッター《Twitter》でも20文字をユーザー名に割《わ》り当て、140文字をメッセージに割《わ》り当てたのが始まりなんだよ。

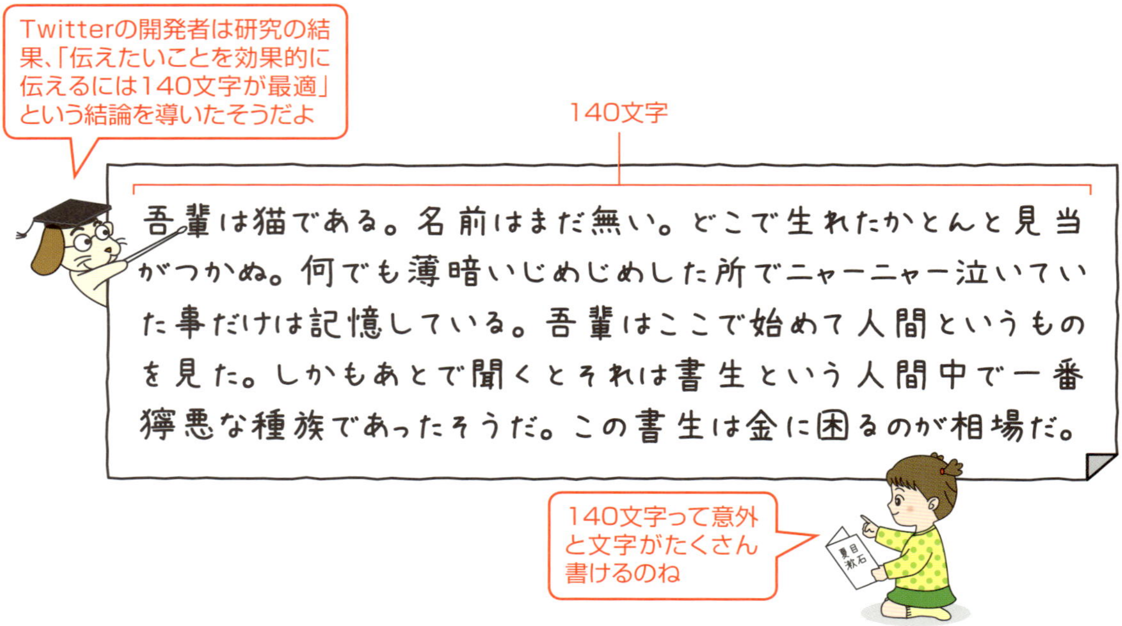

Twitterの開発者は研究の結果、「伝えたいことを効果的に伝えるには140文字が最適」という結論を導いたそうだよ
140文字
吾輩は猫である。名前はまだ無い。どこで生れたかとんと見当がつかぬ。何でも薄暗いじめじめした所でニャーニャー泣いていた事だけは記憶している。吾輩はここで始めて人間というものを見た。しかもあとで聞くとそれは書生という人間中で一番獰悪な種族であったそうだ。この書生は金に困るのが相場だ。
140文字って意外と文字がたくさん書けるのね
夏目漱石

ツイッター《Twitter》の書き込《こ》みが、他に比《くら》べて格段《かくだん》に広がりやすいといわれるのはなぜ?

たとえば、ななちゃんが「今朝《けさ》、子猫《こねこ》が産《う》まれました」というツイート《tweet》をしたとする。このメッセージは、ななちゃんのフォロワーのたかこちゃんに届《とど》く。たかこちゃんはこのツイート《tweet》を「みんなにも教えてあげよう」と思ったら、自分のフォロワーにお知らせする機能《きのう》(リツイート《retweet》)があるんだ。このリツイート《retweet》を受け取った人がさらにリツイート《retweet》するというサイクルが繰《く》り返されると一気に情報《じょうほう》が拡散《かくさん》するんだよ。ツイッター《twitter》はこの速報力《そくほうりょく》と拡散力《かくさんりょく》が最大《さいだい》の特徴《とくちょう》なんだ。

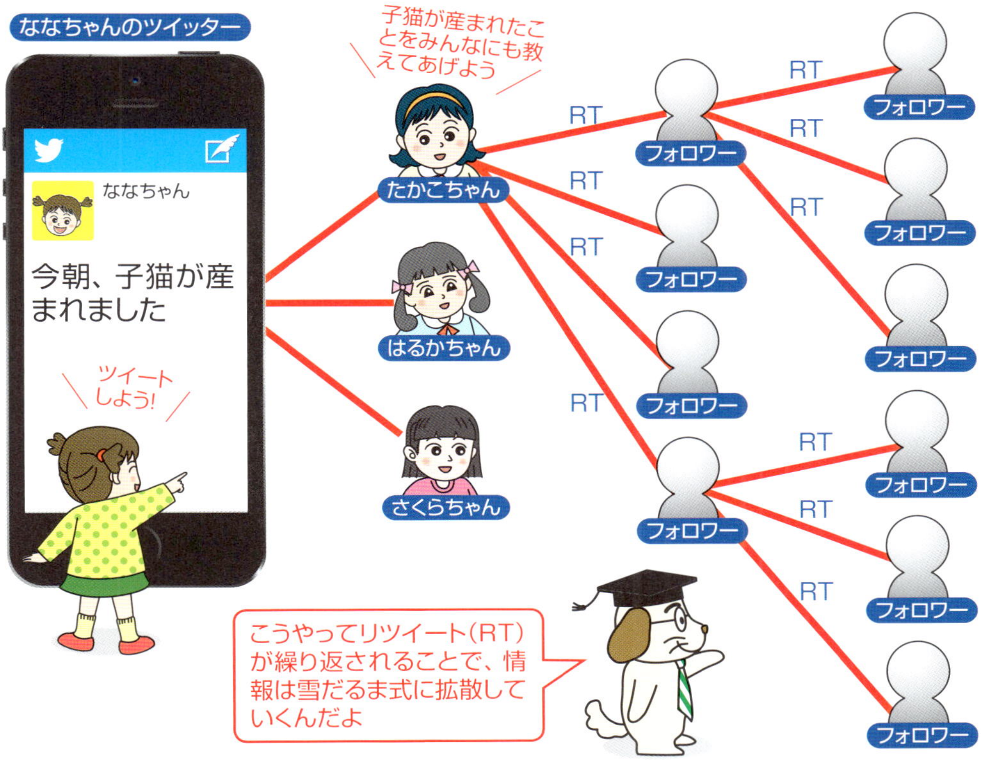
ななちゃんのツイッター
ななちゃん
今朝、子猫が産まれました
ツイートしよう!
子猫が産まれたことをみんなにも教えてあげよう
たかこちゃん
はるかちゃん
さくらちゃん
RT
フォロワー
こうやってリツイート(RT)が繰り返されることで、情報は雪だるま式に拡散していくんだよ

自分がフォローしていない人でも、興味《きょうみ》ある書き込《こ》みを読むにはどうすればいいの?

ツイッター《twitter》には、特定《とくてい》のキーワードでツイート《tweet》を検索《けんさく》する機能《きのう》があるんだ。たとえば「東京五輪《とうきょうごりん》」というキーワードで検索《けんさく》すると、フォローしているかいないかにかかわらず、文字が含《ふく》まれるツイート《tweet》を探《さが》すことができるんだ。

Twitterの基礎用語

基礎的な用語はこんなのがあるよ

用語	意味
ツイート	メッセージを書き込むこと。またはそのメッセージのこと。tweetは「つぶやく」という意味
リツイート	誰かのツイートを自分のフォロワーに拡散すること
フォロー	特定の人がツイートしたら画面に表示されるよう印をつけること
フォロワー	特定の人をフォローしてる人。有名人はたくさんのフォロワーを持つ
ブロック	嫌いな相手に自分のツイートを読まれないように印をつけること
タイムライン	フォローしている人たちのツイートが表示される画面のこと

質問11 「フェイスブック《Facebook》」って何?

そもそもフェイスブック《Facebook》って何?

フェイスブック《Facebook》は世界で8億《おく》人以上《いじょう》のユーザーを持つ最大《さいだい》のSNS《エスエヌエス》なんだ。日々のつぶやきやできごとを日記風に書いたり、動画や写真を投稿《とうこう》したり、同じ趣味《しゅみ》のコミュニティに参加《さんか》したり、特定《とくてい》の人にメールを送ったりできるよ。

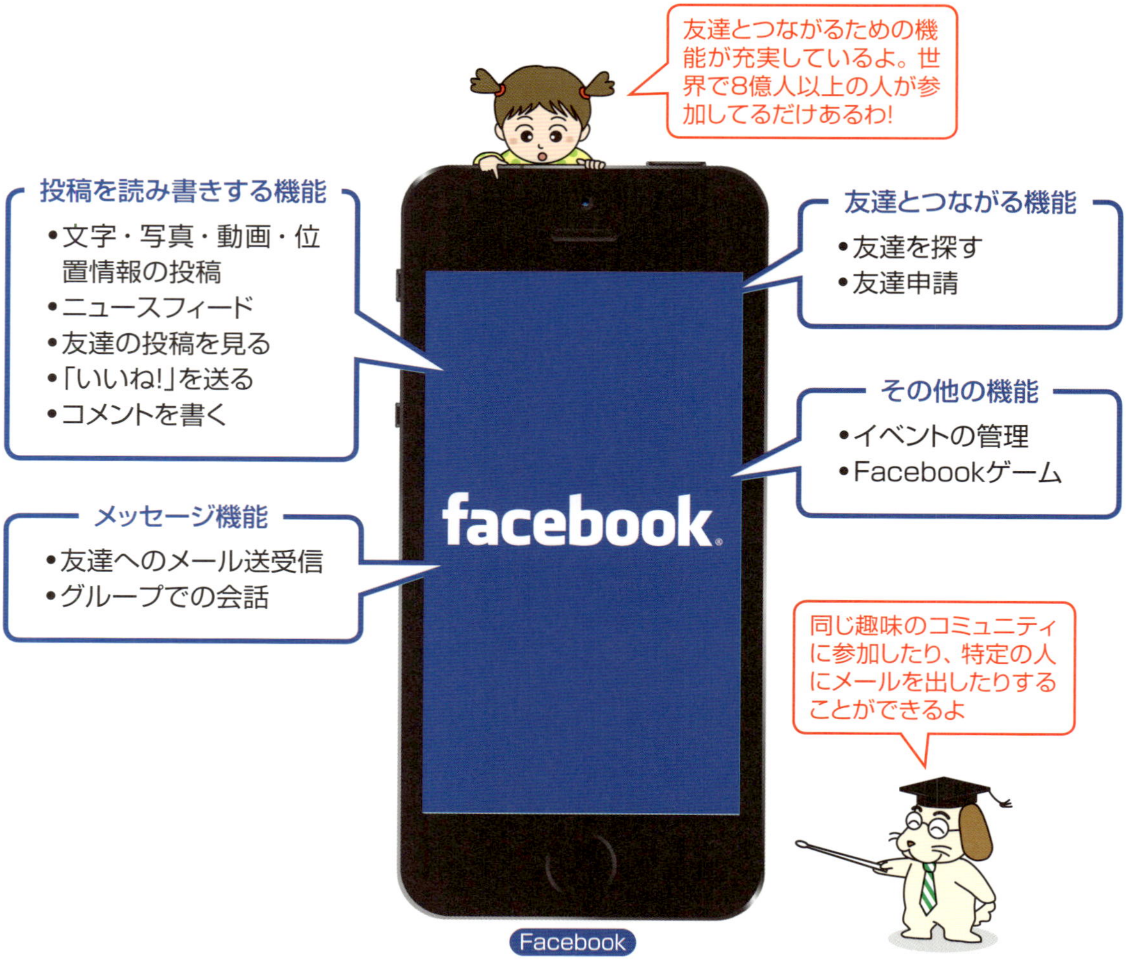
友達とつながるための機能が充実しているよ。世界で8億人以上の人が参加してるだけあるわ!
投稿を読み書きする機能
•文字・写真・動画・位置情報の投稿
•ニュースフィード
•友達の投稿を見る
•「いいね!」を送る
•コメントを書く
メッセージ機能
•友達へのメール送受信
•グループでの会話
facebook
友達とつながる機能
•友達を探す
•友達申請
その他の機能
•イベントの管理
•Facebookゲーム
同じ趣味のコミュニティに参加したり、特定の人にメールを出したりすることができるよ
Facebook

そもそもフェイスブック《Facebook》って、いつからあるの?

2004年にハーバード大学の学生だったマーク・ザッカーバーグが学生が交流《こうりゅう》を図るための「Thefacebook」というサービスを開始したのが始まりだよ。反響《はんきょう》が大きく、2006年には誰《だれ》でも参加《さんか》できるようにして、今のような爆発的《ばくはつてき》なユーザーの獲得《かくとく》に成功《せいこう》したんだ。

Mark《マーク》 Zuckerberg《ザッカーバーグ》
Facebook社を設立した人。
現在、FacebookのCEO。

マーク・ザッカーバーグ氏はまだ大学生のときに友達とFacebook社を設立したんだ。今では創業メンバーは大金持ちなんだよ
SoftBank
10:50
67%
陸上自衛隊 Japan Ground Self-Defense Force
平成２７年度富士総合火力演習（そうかえん）応募受付開始
本日より、平成２７年度富士総合火力演習（そうかえん）の応募受付を開始しました。
陸上自衛隊が行うイベントの中で最も人気があり、戦車やヘリコプター、様々な火砲など…
平成27年度
富士総合火力演習
平成27年8月23日(日)
静岡県御殿場市東富士演習場(畑岡地区)
FIRE POWER
じゃあ、お友達になりたいな

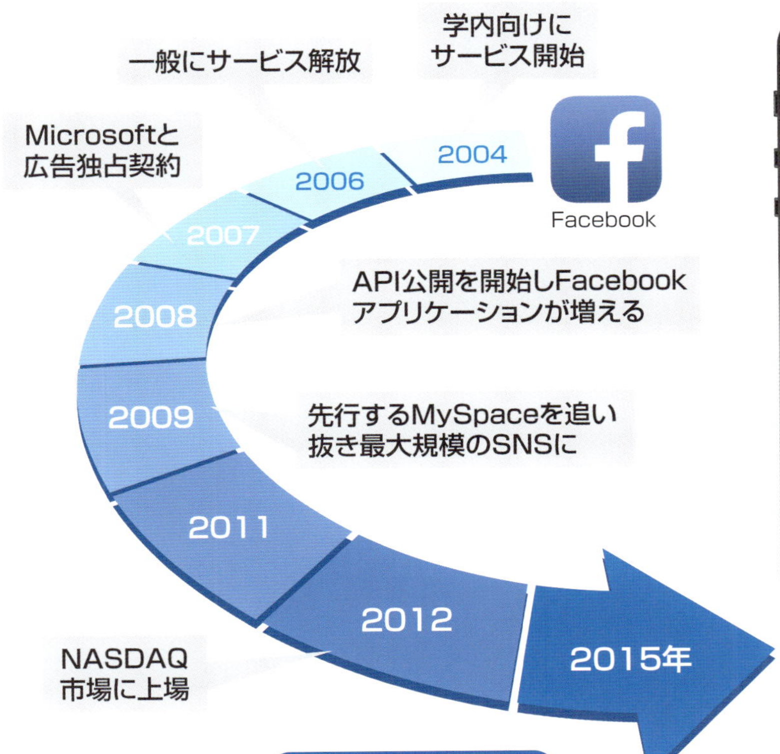
学内向けにサービス開始
一般にサービス解放
Microsoftと広告独占契約
2004
2006
2007
2008
2009
2011
2012
2015年
Facebook
API公開を開始しFacebookアプリケーションが増える
先行するMySpaceを追い抜き最大規模のSNSに
NASDAQ市場に上場
facebookの歴史

芸能人《げいのうじん》とか有名な人とすぐに友達になれるの?

フェイスブック《Facebook》では「友達」という関係《かんけい》ができると、お互《たが》いの書き込《こ》みが見える仕組《しくみ》みになっているんだ。「友達」という関係《かんけい》になるには、フェイスブック《Facebook》から、目的《もくてき》の人に「友達リクエスト」を送り、相手が「確認《かくにん》」という操作《そうさ》をする必要があるんだ。双方《そうほう》の意思《いし》が合致《がっち》して初《はじ》めてフェイスブック《Facebook》でいう「友達関係《かんけい》」になれるんだよ。

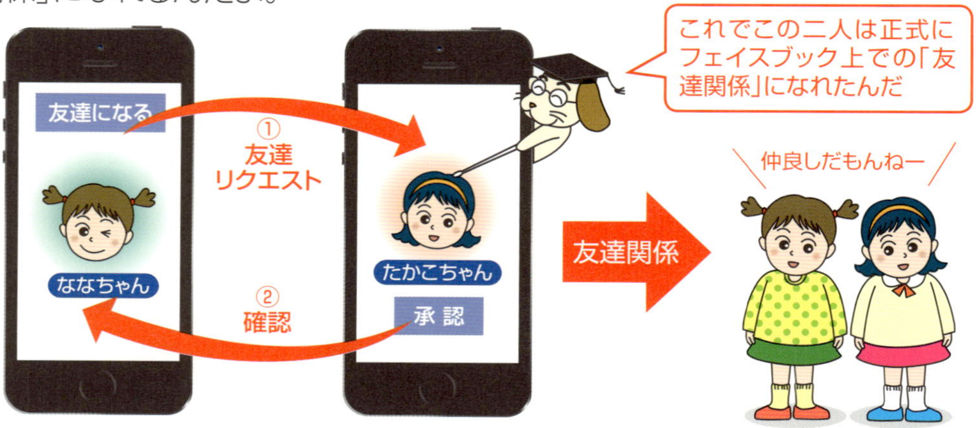
友達になる
①
友達
リクエスト
ななちゃん
②
確認
たかこちゃん
承 認
これでこの二人は正式にフェイスブック上での「友達関係」になれたんだ
友達関係
仲良しだもんねー

いったん、友達関係《かんけい》になった人たちには、私の投稿《とうこう》した内容《ないよう》は全部見られちゃうの?

そうだよ。フェイスブック《Facebook》は投稿《とうこう》した内容《ないよう》は友達関係《かんけい》にはすべて見えるんだ。学校の友達と話していても、先生や家族と友達関係《かんけい》になっていると全員に筒抜《つつぬ》けになるから気を付けなくてはだよ。それを防《ふせ》ぐために「グループ」という会話室を作ると、メンバーだけにしか会話が見えないようになるよ。

Facebookの基礎用語

基礎的な用語はこんなのがあるよ

用語	意味
投稿	近況やつぶやきを書き込むこと。写真やビデオも投稿できる
ニュースフィード	自分や友達が書き込んだつぶやきが次々と表示されるエリア
いいね!ボタン	友達のつぶやきに「共感しました」という印を残すこと
掲示板	自分が過去につぶやいた内容を読めるエリア
コメント	友達のつぶやきにメッセージを書き込むこと
グループ	家族、部活動など特定メンバーだけで会話するための集団のこと

質問12 「ライン《LINE》」って何?

そもそもライン《LINE》って何?

友達とメッセージを交換《こうかん》したり、電話で話したりできるアプリなんだ。文字メッセージの他に写真やビデオや音声のやり取りなど、すべて無料《むりょう》で利用できるんだ。また、ユーモラスなスタンプやゲームが利用できる点も人気の秘訣《ひけつ》なんだね。

文字メッセージ
動画
写真
音声
LINE
電話
スタンプ
ゲーム
え? こんな多機能なのにタダなの?
そうだよ! これが人気の秘訣さ

無料《むりょう》サービスなのにどうやって利益《りえき》を出しているの?

2011年にライン《LINE》を始めたときは赤字覚悟《あかじかくご》でのスタートだったんだ。2012年の4月に会員が3000万人を超《こ》えたころに有料《ゆうりょう》スタンプを売り出したのをきっかけに、黒字《くろじ》になったんだよ。今はスタンプ以外《いがい》にも、有料《ゆうりょう》ゲームや、公式アカウント課金《かきん》もあり、高収益構造《こうしゅうえきこうぞう》になっているんだ。

公式アカウント
TSUTAYA
au
ローソン
マツモトキヨシ
...etc
LINE
利益
10000
スタンプ導入
有料ゲーム

ライン《LINE》をやっている人って、そんなに多いの？

ユーザーはすごい勢《いきお》いで増えていて、だいたい5億《おく》人以上《いじょう》といわれているよ。これだけ増えると管理《かんり》するサーバーを増やさなくてはいけないので、世界中を駆《か》け回ってサーバーを増設《ぞうせつ》する専門部隊《せんもんぶたい》もいるんだよ。

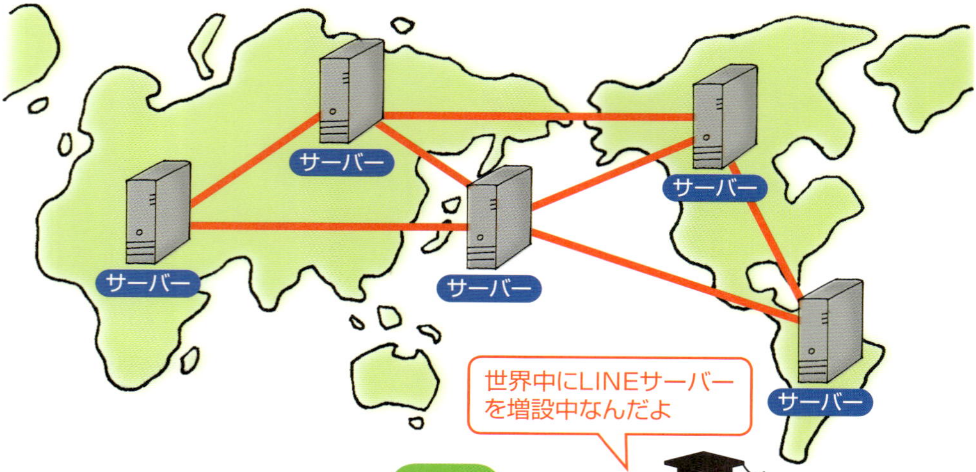
サーバー
サーバー
サーバー
サーバー
サーバー
サーバー
世界中にLINEサーバーを増設中なんだよ

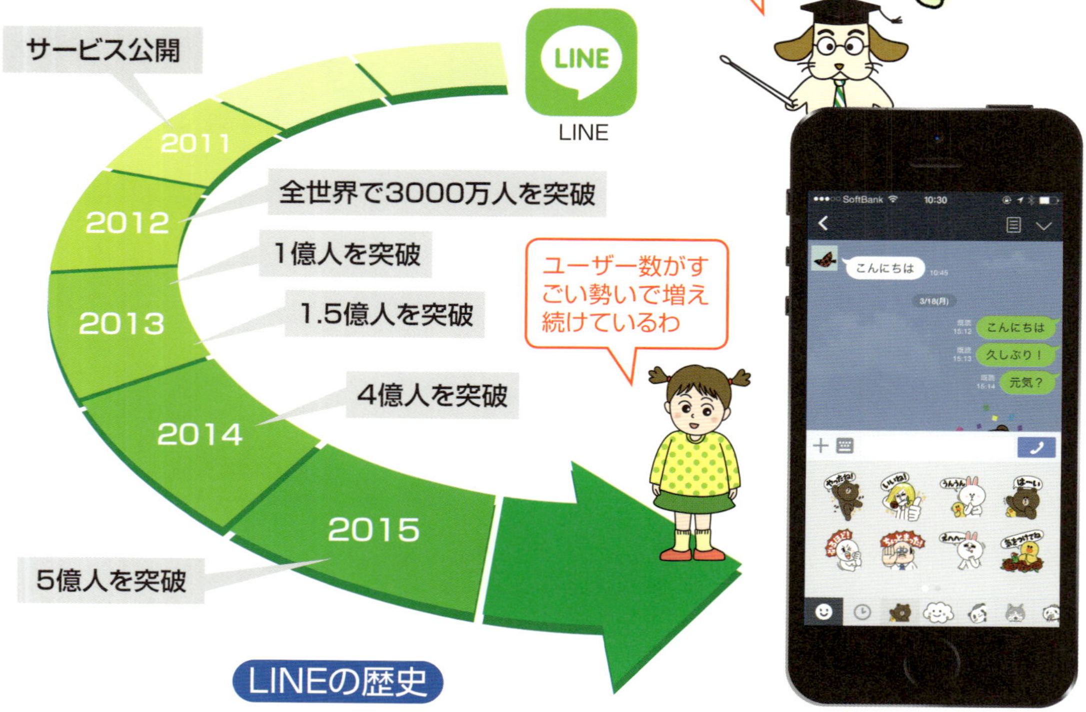
サービス公開
2011
2012
全世界で3000万人を突破
1億人を突破
2013
1.5億人を突破
4億人を突破
2014
2015
5億人を突破
LINE
LINE
ユーザー数がすごい勢いで増え続けているわ
SoftBank
10:30
こんにちは
3/18(月)
こんにちは
久しぶり！
元気？
LINEの歴史

ライン《LINE》スタンプはいろいろなのが用意されてて面白いよね。

ライン《LINE》スタンプは無料《むりょう》で公開されているスタンプから、有料《ゆうりょう》スタンプまで含《ふく》めると1万種類以上《しゅるいいじょう》もあるんだ。また、一般《いっぱん》のユーザーが自作した作品を出品して売ることができるんだ。この本を作ったC&R研究所《シーアンドアールけんきゅうじょ》という出版社《しゅっぱんしゃ》もスタンプを作成・販売《はんばい》するための本を出版《しゅっぱん》しているし、実際《じっさい》に「会社犬《かいしゃけん》ラッキー」というスタンプも売り出しているよ。

有料スタンプ

無料スタンプ
Thank You
急いでます。
LINEの公式キャラクターや企業の企画など期間限定で無料スタンプがもらえるものがある

LINEクリエイターズスタンプを作って売る本
売上急増!
スタンプ作成→販売→売上確認を全網羅! リジェクトの対策までバッチリ解説!
みんなもこの本で自作のラインスタンプを売ってお小遣いをゲットしてね
あーはかせ宣伝ですか?
まあ

ところで、タダで電話できるとスマホを売っている電話会社は困《こま》るのでは?

ネット上にはスカイプ《Skype》やワッツアップ《WhatsApp》などのライン《LINE》のようにチャットや無料《むりょう》電話ができるアプリがあり、もはやこの流れは電話会社も止められないんだよ。アプリでの通話《つうわ》の品質《ひんしつ》も日々向上《こうじょう》しているから、電話会社は通話料《つうわりょう》に頼《たよ》らない収益構造《しゅうえきこうぞう》を目《め》指《ざ》さないといけない立場にあるんだ。

質問13 SNS《エスエヌエス》アプリの危険な落とし穴について

これだけ便利《べんり》なSNS《エスエヌエス》のアプリがあるんだから、友達がどんどん増えて楽しいね。

実は便利《べんり》なはずのSNS《エスエヌエス》アプリも、近年は事件《じけん》がたくさん起きたり、社会問題化している一面があるんだ。スマホの向こう側《がわ》には子供たちを食いものにする悪い人たちや、違法薬物《いほうやくぶつ》を売る反社会勢力《はんしゃかいせいりょく》もいることをくれぐれも肝《きも》に命じなければだよ。

巻き込まれないための注意点をこれから学ぼうね
プライバシー流出
ID乗っ取り
ネット炎上
SNS
出会い系事件
SNS中毒
えー、何だか怖いわ!

「ID乗《の》っ取《と》り」って何?

SNS《エスエヌエス》アプリを利用するには、確《たし》かに本人であることを示《しめ》すための「ユーザー名」と「パスワード」というID情報《じょうほう》が必要《ひつよう》なんだ。このID情報《じょうほう》が他人の手に渡《わた》って勝手に情報発信《じょうほうはっしん》されたり、買い物をされたりという事件《じけん》が頻発《ひんぱつ》しているんだ。パスワードは「名前+誕生日《たんじょうび》」のように推測《すいそく》されやすい文字列《もじれつ》にしないことが大切だよ。また、「IDを入力するとアイドルの特典映像《とくてんえいぞう》が見られます」などの偽《にせ》サイトにだまされてIDが流出《りゅうしゅつ》するケースもあるよ。

このパスワードだと名前と誕生日を知られるとすぐに乗っ取られるのね
nana0418
大文字や英数字がバラバラに混在するように工夫するとベターだよ
N4a1n8a0

「出会い系事件《けいじけん》」って何?

スマホのアプリの中には、知らない人と友達になるための出会い系《けい》アプリもあるんだ。本来《ほんらい》は趣味《しゅみ》など共通の話題を話す仲間を見つける目的《もくてき》で作られたアプリもあるけれど、悪い人たちに利用されたり、違法薬物売買《いほうやくぶつばいばい》・暴行《ぼうこう》・脅迫《きょうはく》・売春《ばいしゅん》・性的被害《せいてきひがい》などの事件《じけん》が後を絶《た》たないんだ。子供たちは出会い系《けい》アプリをダウンロードしないことが大切だよ。

出会い系アプリ
自称13才
ともこちゃん
(46才山田大蔵)
ななちゃんに会いたいなー
今度会おうよ!写メも送って欲しいなー
ともこちゃんの正体
ともこちゃん
ななちゃん、いくつ?
ななちゃん
私は12歳だよ
ともこちゃん
年も近いね電話番号教えて
ななちゃん
うん、いいよでも内緒だよ
ひどい! 13歳の女の子だと思って会話していたのに
ネットの世界では「なりすまし」は多いんだ。まともに信じると危険だよ

「プライバシー流出《りゅうしゅつ》」って何？　何で流出《りゅうしゅつ》しちゃうの？

投稿《とうこう》した写真や文章から、ネット上で悪意を持つ人たちによって、本人の氏名《しめい》・住所・学校名が特定《とくてい》されたりする事件《じけん》も多いんだ。まずは安易《あんい》に友達や家族の情報《じょうほう》や顔写真を掲載《けいさい》しないことだよ。匿名《とくめい》を使っているからといって何でも書いていいという訳《わけ》ではないんだよ。

特殊なアプリを使うと写真から撮影した場所と日時を特定することもできるんだよ
ななちゃん
ベランダに咲いたお花です
えー！　写真から住所がばれちゃうじゃん！
撮影日時
（2015年○月○日）
撮影場所
（東京都○○区△△△）
※スマホの設定で撮影写真に位置情報を付加しない設定にしてある場合は、撮影の際にGPSから取得する緯度経度の情報は書き込まれません。
写真を投稿した画面

「ネット炎上《えんじょう》」って何？

SNS《エスエヌエス》アプリで友達やアイドルの悪口を書いたり、匿名《とくめい》だからといって嘘《うそ》や人を傷《きず》つけることを書いたりすると、大勢《おおぜい》の人たちから批判《ひはん》が殺到《さっとう》することを「ネット炎上《えんじょう》」というんだ。バイト先で悪ふざけをして、炎上《えんじょう》した挙《あ》げ句《く》に学校を退学《たいがく》させられた事件《じけん》もあったよ。ネット上での発言には慎重《しんちょう》さが必要《ひつよう》なんだよ。

「SNS中毒《エスエヌエスちゅうどく》」って何？

友達からのメッセージが気になって、会話中や食事中、勉強中でもSNS《エスエヌエス》アプリを見ずにはいられない状態《じょうたい》を「SNS中毒《エスエヌエスちゅうどく》」というんだ。そういう姿《すがた》は第三者《だいさんしゃ》には奇異《きい》に見えるし、マナー違反《いはん》になるんだ。節度《せつど》を守ってこそ、スマホを買い与《あた》えてくれたご両親《りょうしん》への感謝《かんしゃ》を示《しめ》すことになるんだよ。

第3章

そもそもパソコンって何?

質問14 パソコンのはじまり

「パソコン」と「コンピューター」はちがうの?

同じような感じのする言葉だけど、詳《くわ》しくいうと別《べつ》の言葉だよ。「コンピューター」は、家庭用のゲーム機《き》やパソコン、そして気象分析《きしょうぶんせき》や宇宙観測《うちゅうかんそく》で使われるスーパーコンピューターまで含《ふく》む大きな概念《がいねん》の言葉なんだ。「パソコン」は、「パーソナルコンピューター」を略《りゃく》した言葉で、個人《こじん》用のコンピューターの意味なんだ。コンピューターの歴史《れきし》から見ると「パソコン」という言葉が使われ始めたのは30年くらい前の最近《さいきん》のことだよ。

パソコンは個人で使うコンピューターなのね
ゲーム機
コンピューターにも大小いろいろあるね
パソコン
スーパーコンピューター

コンピューターはそもそもどうやって生まれたの?

19世紀《せいき》のはじめにイギリスの数学者チャールズ・バベッジが、蒸気機関《じょうききかん》を使った計算機《けいさんき》を思いついたのが始まりといわれているよ。でも巨大《きょだい》な装置《そうち》とたくさんの資金《しきん》を必要《ひつよう》としたため、製造《せいぞう》されずに終わった幻《まぼろし》のコンピューターといわれているんだ。実際《じっさい》に作られたのは19世紀《せいき》終わりで選挙《せんきょ》集計用《しゅうけいよう》の計算機《けいさんき》だったといわれているよ。

コンピューターがない時代には、「計算手」と呼ばれる計算専門の職業の人達がいて、銀行や役所で働いていたのね

計算手が手作業で計算

もっと大量の難しい計算を正確に行うために、機械式の計算機が作られたんだよ
10904

機械式の計算機で計算

でも、今のコンピューターとは形が全然《ぜんぜん》ちがうよ。

この機械式《きかいしき》の計算機《けいさんき》が劇的《げきてき》な変化《へんか》を遂《と》げるきっかけが第2次世界大戦《せかいたいせん》なんだ。戦争《せんそう》で使う大砲《たいほう》の弾《たま》を正確《せいかく》に命中《めいちゅう》させるための計算を大量《たいりょう》に行う必要《ひつよう》が出てきたんだ。それまで使われていた機械式《きかいしき》の計算機《けいさんき》では、時間がかかりすぎるということでより速く計算ができる計算機《けいさんき》の研究《けんきゅう》が始められたんだ。

正確に大砲の弾を命中させるには、方向や角度を正確に計算しないといけないんだ
今までの機械式の計算機や人間の計算では追いつけないほどの計算量だったのね

今のようなコンピューターっていつできたの？

自由にプログラムができるコンピューターはドイツで1938年に作られた「ツーゼ《Zuse》 ゼット《Z》1」という電気で動く機械式計算機《きかいしきけいさんき》といわれているよ。さらに高速計算できるコンピューターは、1946年にアメリカで作られたデジタル式の「エニアック《ENIAC》」が最初《さいしょ》だよ。エニアック《ENIAC》の原理《げんり》は現在《げんざい》のコンピューターと同じなんだけど、真空管《しんくうかん》を利用していたために、機械自体《きかいじたい》の大きさは高さ3メートル、長さ45メートルもあったんだ。

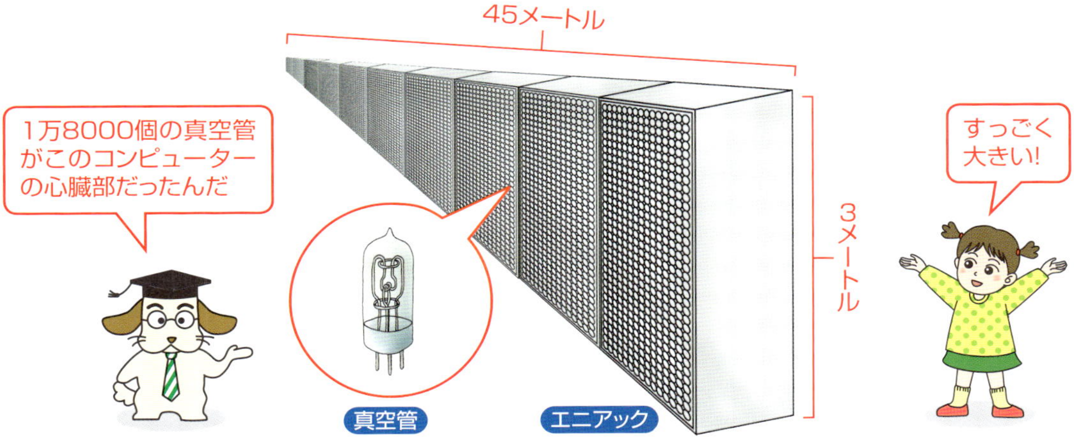
45メートル
3メートル
1万8000個の真空管がこのコンピューターの心臓部だったんだ
すっごく大きい!
真空管
エニアック

そんなに大きな部品が小さくなったのはどうして？

真空管《しんくうかん》に代わるトランジスタと呼《よ》ばれる部品の発明で、コンピューターは、小さくなるきっかけをつかんだんだ。真空管《しんくうかん》は、電球のように「切れる」ことがある部品で信頼性《しんらいせい》が低かったんだ。その部品をトランジスタに置《お》き換《か》えることでコンピューターの信頼性《しんらいせい》がグンと向上《こうじょう》して、コンピューターの設計《せっけい》や開発がやりやすくなったんだ。

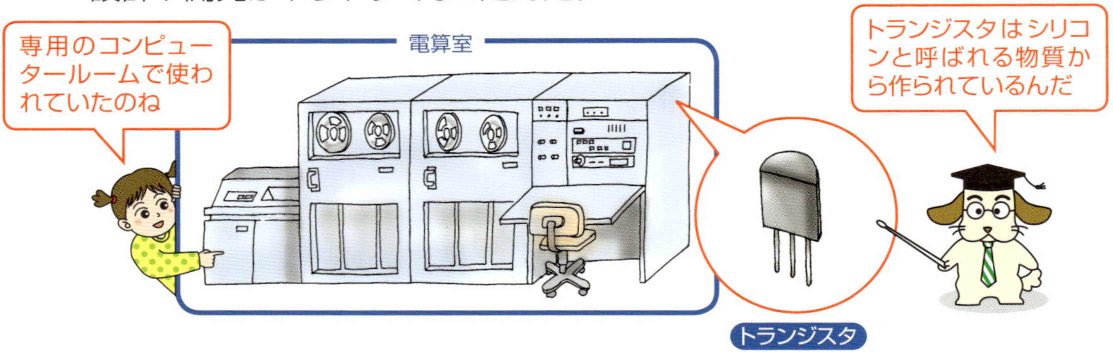
専用のコンピューター ルームで使われていたのね
電算室
トランジスタはシリコンと呼ばれる物質から作られているんだ
トランジスタ

まだ今のパソコンと比《くら》べると大きすぎるよ!?

トランジスタは、技術《ぎじゅつ》の進歩で集積回路《しゅうせきかいろ》(IC)《アイシー》と呼《よ》ばれる小さなチップという部品の中に何千個《こ》というトランジスタをまとめることができるようになったんだ。この技術《ぎじゅつ》は、昔の大きなコンピューターを1枚の集積回路《しゅうせきかいろ》に収《おさ》めてしまえるほどの技術《ぎじゅつ》にまで発展《はってん》したんだ。

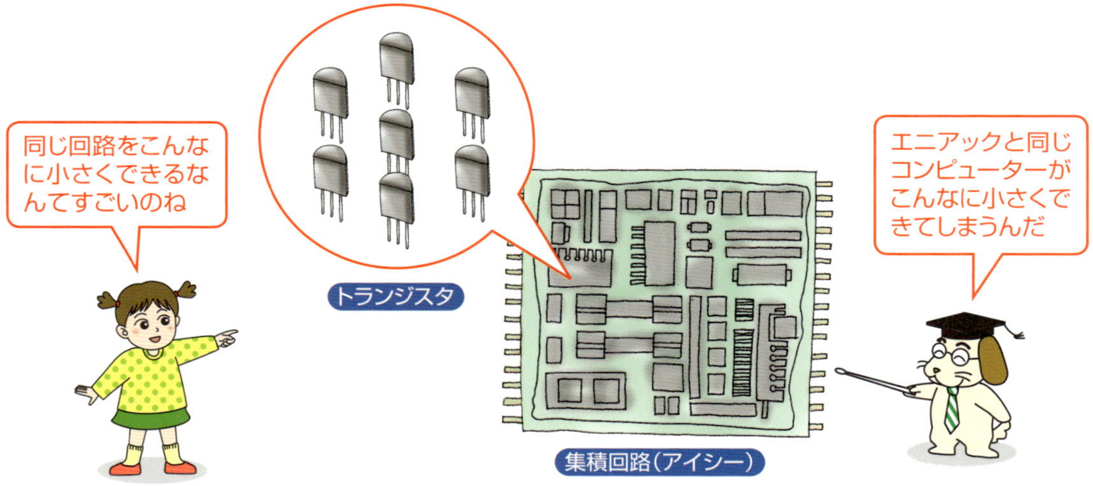
同じ回路をこんなに小さくできるなんてすごいのね
トランジスタ
エニアックと同じコンピューターがこんなに小さくできてしまうんだ
集積回路(アイシー)

今のような机《つくえ》の上に置《お》けるコンピューターができたのはいつ?

1970年に入ってコンピューターに使われる部品が一段《いちだん》と小さくなってからなんだ。小型《こがた》になってもコンピューターは、高価《こうか》な製品《せいひん》で研究《けんきゅう》開発や会計処理《かいけいしょり》のような業務用《ぎょうむよう》の用途《ようと》がほとんどで、個人《こじん》向けの製品《せいひん》は「マイコン」(マイクロコンピューター)と呼《よ》ばれた時代だったんだ。その後、1980年代に入り「パソコン」という言葉が生まれ、だんだんとコンピューターが身近なものになっていったんだ。

パソコンでも「マッキントッシュ《Macintosh》」と「ウィンドウズ《Windows》パソコン」はどうちがうの?

この2つはまったく別《べつ》の種類《しゅるい》のパソコンだよ。マッキントッシュ《Macintosh》はアップル《Apple》社という会社だけが作っているパソコンなんだ。ウィンドウズ《Windows》パソコンは、世界中のパソコン会社が作っているパソコンなんだよ。

マッキントッシュ

マッキントッシュの特徴《とくちょう》

・音楽やグラフィックの作業に向いている
・パソコンのデザインがかっこいい
・ウイルスに感染しにくい ...etc

自分の使用目的に合ったパソコンを選ぶのがいいよ

パソコンの特徴にちがいがあるのね
スタート

ウィンドウズパソコン

ウィンドウズパソコンの特徴《とくちょう》

・事務作業などに向いている
・使用できるソフトが豊富にある
・ユーザー数が多い ...etc

中古ショップで売っている数年前の古いパソコンでも充分《じゅうぶん》使えるの?

処理《しょり》スピードなどいろいろな機能《きのう》から見ると、中古パソコンはおすすめできないね。むしろ、安いパソコンを新品で買っちゃった方が安全といえるよ。

質問15 パソコンは5つの部品からできている

パソコンの中身ってどうなっているの?

特別《とくべつ》にちょっとパソコンの中身を見てみようか。大ざっぱにいうとパソコンは、次のような部品からできているんだ。

ディスプレイ
コンピューターの状態を画面に表示する装置
計算や処理を行うための装置
CPU(シーピーユー)
CPU
キーボード・マウス
コンピューターに入力するための装置
たくさんの部品でできているんだね
パソコンの内部
メモリ
一時的に記憶するための装置
ハードディスク
データを保存するための装置

細かい部品がいっぱいだけど、一番重要《じゅうよう》な役割《やくわり》をしているのはどこ?

パソコンの一番大切な仕事をしているのは、CPU《シーピーユー》(中央演算装置《ちゅうおうえんざんそうち》)という部品なんだ。いわゆるコンピューターの「頭脳《ずのう》」にあたる部品で、ものすごいスピードで次から次へと計算処理《しょり》を行うんだ。

CPU
CPU(シーピーユー)
この部品は計算がとても得意なんだ
314,285
× 141,142
44,446,498,985
頑張って計算するぞー
計算のスピードがものすごく早いのね

じゃあ、高機能《こうきのう》なCPU《シーピーユー》さえそろえればたくさんの仕事をする優秀《ゆうしゅう》なパソコンになるのね?

実は、CPU《シーピーユー》だけ優秀《ゆうしゅう》にしても、パソコン全体が優秀《ゆうしゅう》になるわけではないんだ。CPU《シーピーユー》が作業しやすいように、作業場を広くしてあげないといけないんだよ。この作業場のことをメモリと呼《よ》ぶんだ。

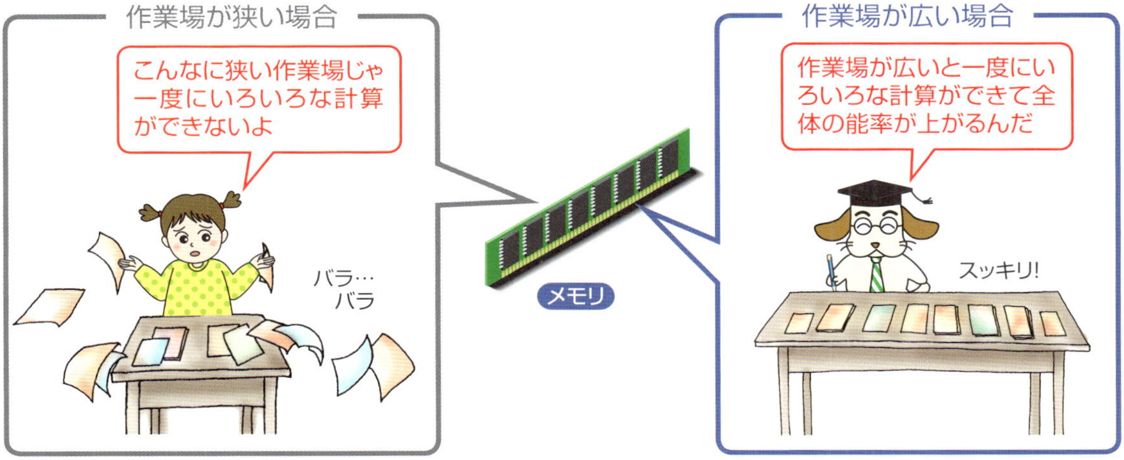
作業場が狭い場合
こんなに狭い作業場じゃ一度にいろいろな計算ができないよ
バラ…バラ
メモリ
作業場が広い場合
作業場が広いと一度にいろいろな計算ができて全体の能率が上がるんだ
スッキリ!

ハードディスクの役割《やくわり》って何なの？

データを貯《た》めておく倉庫《そうこ》のような役割《やくわり》を果《は》たしているんだ。必要《ひつよう》な書類《しょるい》全部を仕事部屋に置《お》いてしまったら、仕事場が書類《しょるい》であふれてしまって大変《たいへん》だよね。そうならないように仕事部屋に今すぐに必要《ひつよう》なデータのみを渡《わた》して、すぐに使わないデータを貯《た》めておく部品がハードディスクなんだ。ちなみに、最近は、ハードディスクの代わりにSSD（ソリッドステートドライブ）と呼《よ》ばれるデータをメモリーチップに保存《ほぞん》するタイプのパソコンもあるんだよ。

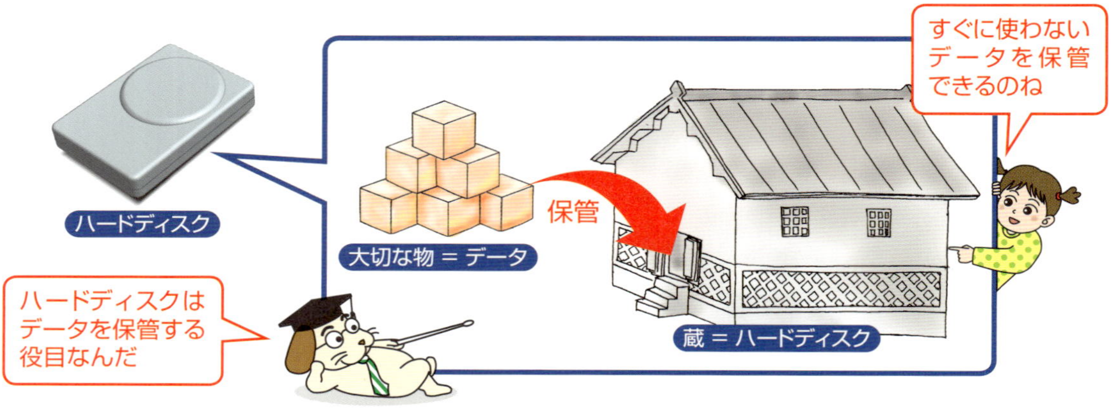
すぐに使わないデータを保管できるのね
ハードディスク
大切な物 = データ
保管
蔵 = ハードディスク
ハードディスクはデータを保管する役目なんだ

テレビのような「ディスプレイ」ってどういう役割《やくわり》なの？

パソコンの状態《じょうたい》を人間にわかるような文字や絵で表示《ひょうじ》する役割《やくわり》をしているんだ。これがないとパソコンが何をやっていてどういう状態《じょうたい》になっているのかを確認《かくにん》することができないんだ。

パソコンが何をやっているかわからないよ

ディスプレイのないパソコン生活

パソコンが起動してるところだね

ディスプレイのあるパソコン生活

キーボードやマウスってなぜ付いているの?

パソコンの本体に話しかけたり、直接《ちょくせつ》触《さわ》ってみてもパソコンにやってもらいたいことはパソコンに伝《つた》わらないよね。キーボードやマウスは、パソコンにやってもらいたいことを伝《つた》えるための部品なんだ。

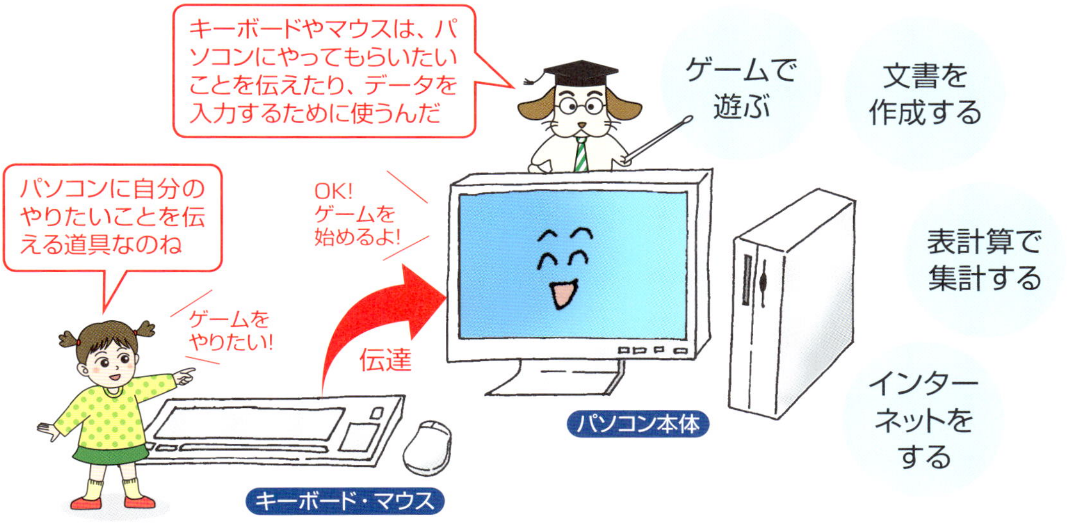
キーボードやマウスは、パソコンにやってもらいたいことを伝えたり、データを入力するために使うんだ
パソコンに自分のやりたいことを伝える道具なのね
OK! ゲームを始めるよ!
ゲームをやりたい!
伝達
ゲームで遊ぶ
文書を作成する
表計算で集計する
インターネットをする
パソコン本体
キーボード・マウス

パソコンの部品を自分で取り替《か》えることはできるの?

そう、必要《ひつよう》に応《おう》じてメモリを自分で付け足したり、新しいマウスに差し替《か》えたりできるという点がパソコンのいいところなんだ。ただし、パソコンの部品は接続規格《せつぞくきかく》がいろいろある場合があるから、自分のパソコンに使えるかどうかを購入《こうにゅう》前に確認《かくにん》しておくことが大事だよ。

接続規格《せつぞくきかく》って何なの?

たとえば、電気屋さんに行って「録画《ろくが》用のディスクをください」というと、「DVDですか、ブルーレイですか?」と店員さんに聞かれるはずだよね。パソコンで使う部品にも、それぞれ接続《せつぞく》する「規格《きかく》」が決められていて、複数《ふくすう》の種類《しゅるい》の規格《きかく》から選《えら》べるようになっているんだ。だから、どれでも買ってくればすぐに使えるわけではないという点に注意が必要《ひつよう》なんだよ。

質問 16 「形」から見たパソコンの種類《しゅるい》

パソコンの形には、さまざまな種類《しゅるい》やデザインがあるけど何がちがうの？

パソコンを外見で分けると、机《つくえ》の上に置《お》いて使う「デスクトップ型《がた》」と持ち運びが簡単《かんたん》にできる「ノート型《がた》」の2種類《しゅるい》に分けることができるんだ。「デスクトップ型《がた》」には、パソコン本体と表示《ひょうじ》するディスプレイの部分が分かれた「セパレート型《がた》」と本体とディスプレイが一体化している「一体型《がた》」があるよ。

ノート型《がた》パソコンでデスクトップ型《がた》パソコンと同じことができるの？

最近では、パソコンの性能《せいのう》が向上《こうじょう》したため、ノート型《がた》パソコンでもビジネスに使うワープロソフトや表計算ソフトをはじめ、ほとんどのソフトウェアを問題なく使うことができるんだ。パソコンを置《お》くスペースがない場合には、ノート型《がた》パソコンをおすすめするよ。まずは、デスクトップ型《がた》パソコンの特徴《とくちょう》をまとめると次のようになるよ。

◆デスクトップ型(卓上型)パソコン

机の上に固定的に置いて使うタイプのパソコン。画面が大きて見やすく、価格もノートパソコンに比べると少しだけ安め。

セパレート型デスクトップ型パソコンの特徴《とくちょう》

- 故障時の交換が本体とディスプレイで可能
- ハードディスクの増設が比較的しやすい
- 本体とディスプレイをつなぐ配線が必要

本体とディスプレイが分かれているタイプと一体型があるのね

一体型デスクトップ型パソコンの特徴《とくちょう》

- 本体とディスプレイをつなぐ線が必要ない
- デザイン性がよい
- 故障時の機器の交換や増設が難しい

ノート型《がた》パソコンの特徴《とくちょう》をまとめると次のようになるよ。通常《つうじょう》のノート型パソコンよりもさらに小型《こがた》のタイプや、最近では、ディスプレイだけを外して小型端末《こがたたんまつ》のタブレットとして使えるタイプもあるよ。

◆ノート型パソコン

軽くて持ち運びができるタイプのパソコン。パソコンを置くスペースをとらず、好きなところで使用できる。コンパクトにもかかわらず、高性能なタイプもある。デスクトップ型パソコンと比べるとノート型パソコンの方が比較的高め。

通常のノート型パソコンの特徴《とくちょう》

- 画面サイズが比較的大きいので見やすい
- デスクトップ型パソコンとほぼ同じ性能
- バッテリーの減りが他と比べて早い
- 増設・拡張が難しい

コンパクトなノート型パソコンの特徴《とくちょう》

- 低価格で軽いタイプが多い
- 長時間バッテリーが持ちやすい
- キーボードのキーが小さく押しにくい

タブレットノート型パソコンの特徴《とくちょう》

- ディスプレイだけを外して小型端末のタブレットとして使える
- タブレットでも同じ作業環境で使用可能
- 価格が他のノート型パソコンより高め

同じパソコンならノート型《がた》パソコンを選《えら》んだらいいの?

必《かなら》ずしもノート型《がた》パソコンがベストの選択《せんたく》にならないことがあるんだ。一般的《いっぱんてき》に、同じ性能《せいのう》のノート型《がた》パソコンとデスクトップ型《がた》パソコンを比《くら》べるとノート型《がた》パソコンの方が精密《せいみつ》な部品を使っている分だけ高くなってしまうんだ。ノート型《がた》のパソコンは無駄《むだ》なく作り込《こ》まれているためパソコンに新しい機能《きのう》を追加するような用途《ようと》には向かないんだ。

質問17 パソコンがわかりにくいと言われる原因

冷蔵庫《れいぞうこ》は「冷《ひ》やす」という目的《もくてき》がはっきりしているけど、パソコンは一体何に使えるの?

確《たし》かに冷蔵庫《れいぞうこ》や扇風機《せんぷうき》はコンセントをつなげればすぐに使えるようになるよね。その点パソコンは、「ソフト」を別にセットしたり、自分好《ごの》みのパソコンに作り変《か》えないとうまく使うことができないので、わかりにくいんだ。逆《ぎゃく》に考えると趣味《しゅみ》や仕事にも使える万能選手《ばんのうせんしゅ》なので、目的《もくてき》に応《おう》じていろいろな役割《やくわり》を果《は》たす魔法《まほう》の箱なんだ。

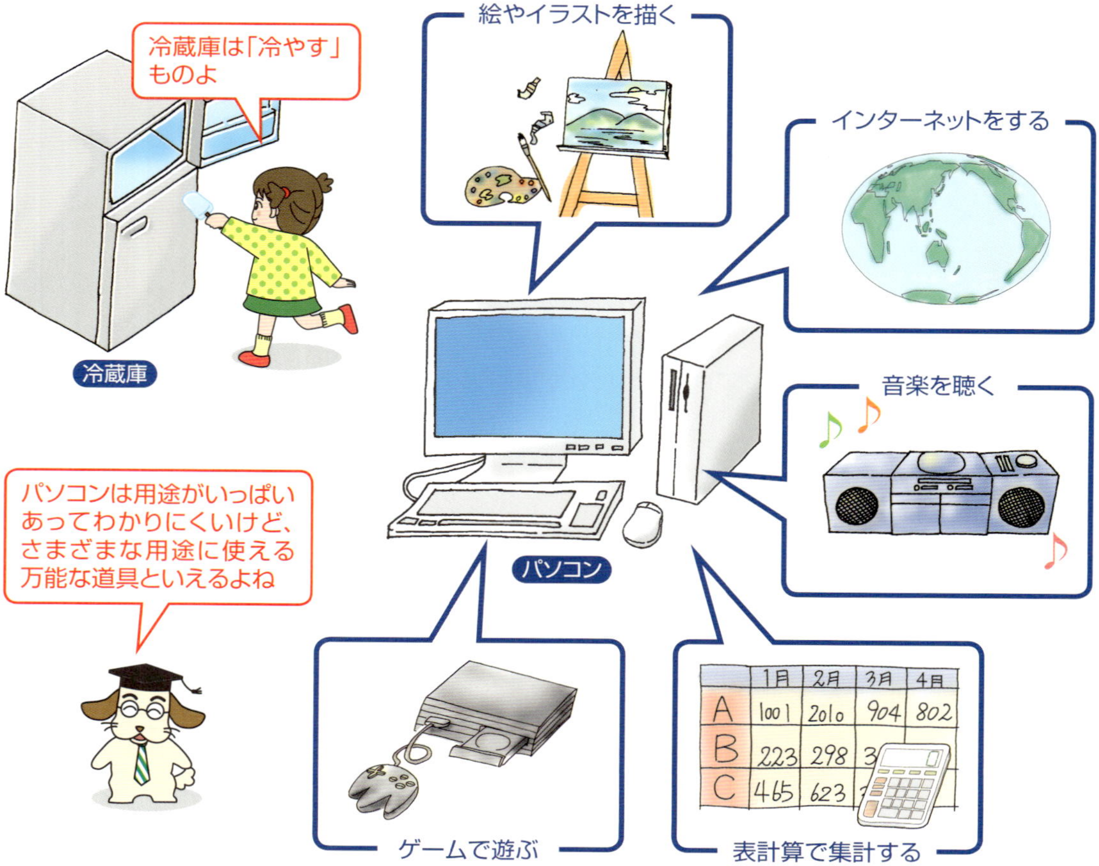
冷蔵庫は「冷やす」ものよ
冷蔵庫
パソコンは用途がいっぱいあってわかりにくいけど、さまざまな用途に使える万能な道具といえるよね
絵やイラストを描く
インターネットをする
音楽を聴く
パソコン
ゲームで遊ぶ
表計算で集計する
1月 2月 3月 4月
A 1001 2010 904 802
B 223 298
C 465 623

どうしてパソコンはすぐに使えないの?

パソコンは、使い道に合わせて機器《きき》を追加する必要《ひつよう》があるからなんだ。たとえば、プリンター(パソコンから印刷《いんさつ》するための機器《きき》)などの機器《きき》を追加する場合、パソコンにつないだだけでは動かないんだ。パソコンで使えるようにするにはセットアップという作業が必要《ひつよう》なんだよ。このような作業が、パソコンが「わかりにくい」原因《げんいん》のひとつかもしれないね。

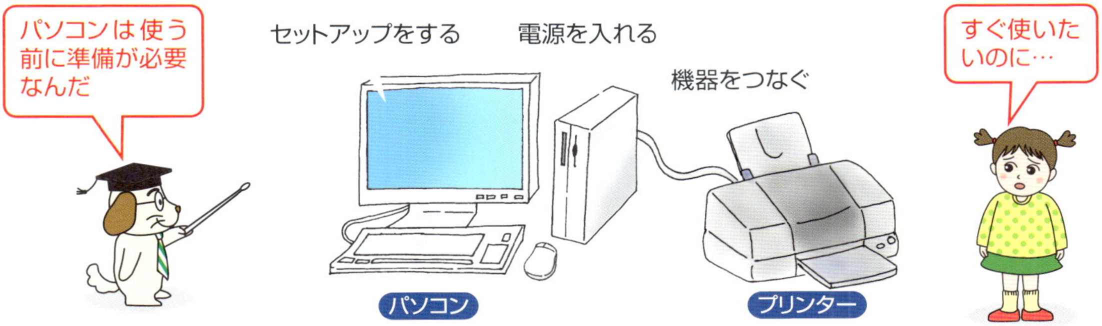
パソコンは使う前に準備が必要なんだ
セットアップをする
電源を入れる
機器をつなぐ
パソコン
プリンター
すぐ使いたいのに…

ここは日本なのに「ファイル」とか「ウィンドウズ《Windows》」とかの横文字ばかり使われるのはなぜ?

確《たし》かに横文字が多くて言葉の意味を理解《りかい》するだけでも大変《たいへん》だよね。この横文字の氾濫《はんらん》がパソコンを難《むずか》しくしていることも事実なんだ。「ウィンドウズ《Windows》」が生まれたアメリカで使われているパソコン用語がそのまま使われていることが多いんだ。パソコン用語が身近な日本語だったらパソコンがわかりやすいかもしれないね。

情報が伝わるスピードがものすごく早いのね
プロパティ
インターネット
ウィンドゥズ
アプリケーション
アメリカで生まれた新しい言葉が一夜にして日本で使われるんだ

キーボードは何であんなに入力しにくいの?

キーボードはたくさんのキーが並《なら》んでいてわかりにくいよね。しかも、もともと英文のタイプライターのキーボードだった配列《はいれつ》がそのまま使われているので、日本語の入力にはあまり向いていないことも事実なんだ。日本語を入力しやすいキーボードもいくつか開発されているんだけど、うまく普及《ふきゅう》しなかったんだ。

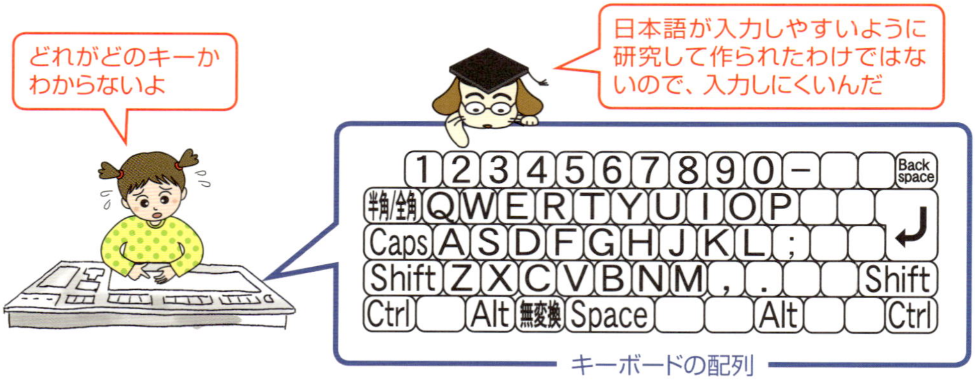
どれがどのキーかわからないよ
日本語が入力しやすいように研究して作られたわけではないので、入力しにくいんだ
1 2 3 4 5 6 7 8 9 0 − Back space
半角/全角 Q W E R T Y U I O P
Caps A S D F G H J K L ;
Shift Z X C V B N M , . Shift
Ctrl Alt 無変換 Space Alt Ctrl
キーボードの配列

周辺機器《しゅうへんきき》の接続《せつぞく》作業がややこしいと聞いたけど本当?

ほとんどの周辺機器《しゅうへんきき》は、接続《せつぞく》をすると自動的《てき》に機器《きき》を認識《にんしき》する機能《きのう》(これを「プラグアンドプレイ」という)によってウィンドウズ《Windows》にセットアップされる仕組《しく》みになっているんだ。この機能《きのう》のおかげで、昔に比《くら》べて新しい周辺《しゅうへん》機器《きき》を接続《せつぞく》する作業は、とても簡単《かんたん》になったんだ。

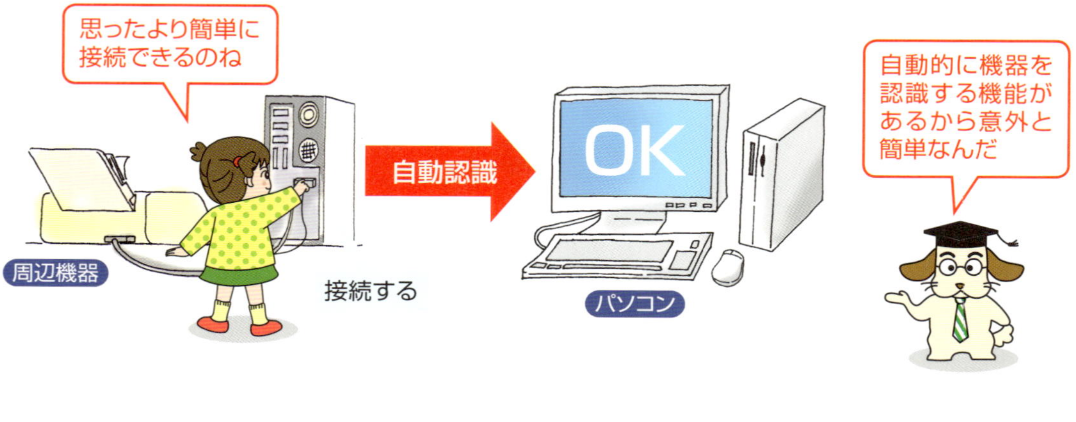
思ったより簡単に接続できるのね
周辺機器
接続する
自動認識
OK
パソコン
自動的に機器を認識する機能があるから意外と簡単なんだ

質問18 ウィンドウズ《Windows》って何?

「ウィンドウズ《Windows》」って言葉をよく聞くけれど、これって何?

パソコンを音楽堂《おんがくどう》(コンサートホール)に例えてみると、「ウィンドウズ《Windows》」は、そのホールの掃除《そうじ》や上演《じょうえん》する出し物を割《わ》り振《ふ》ったり、お客さんを誘導《ゆうどう》したりするような「裏方《うらかた》さん」にあたるんだ。パソコン用語では、この役割《やくわり》のソフトを「OS《オーエス》(基本《きほん》ソフト)」と呼《よ》んでいるんだ。

「Windows」は、お客さんが気持ちよくパソコンを使えるようにするための裏方さんなのね
掃除をする
忙しいー
Windows(OS)
楽器を運ぶ
建物(パソコン)
DOS-V劇場
予定を管理する
9:00〜 ホール準備
12:00〜休憩
13:00〜機材準備
15:00

そもそもなんで「ウィンドウズ《Windows》」っていうんですか?

「ウィンドウズ《Windows》」は、アイコンと呼《よ》ばれる絵ボタンとマウスと呼《よ》ばれる道具を使って、ほとんどの操作《そうさ》が目で見ながらできるようになっているんだ。この作業ごとに「ウィンドウ」と呼《よ》ばれる窓枠《まどわく》を表示《ひょうじ》して、複数《ふくすう》のウィンドウを同時に表示《ひょうじ》できるから「ウィンドウズ《Windows》」と呼《よ》ぶんだよ。

マウスとアイコンで直感的に操作できるようになっているんだ
この窓枠を「ウィンドウ」と呼ぶんだね
アイコン
アイコン
マウス

「ウィンドウズ《Windows》」が登場する前はどんなコンピューターだったの?

キーボードからコマンドと呼《よ》ばれる命令をパソコンがわかる言葉で打ち込《こ》んであげる必要《ひつよう》があったんだ。今ではとても考えられないかもしれないけど、コマンドをマスターして一字一句《いちじいっく》、まちがえずにキーボードから入力する必要《ひつよう》があったんだ。

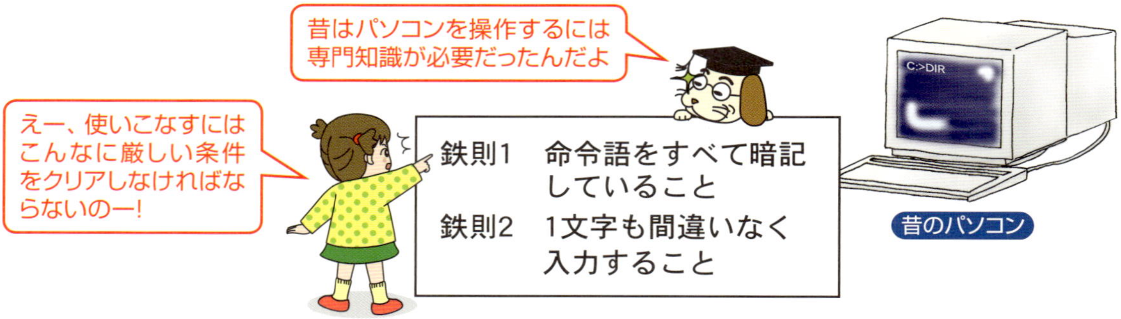
昔はパソコンを操作するには専門知識が必要だったんだよ
えー、使いこなすにはこんなに厳しい条件をクリアしなければならないのー!
鉄則1 命令語をすべて暗記していること
鉄則2 1文字も間違いなく入力すること
C:>DIR
昔のパソコン

「ウィンドウズ《Windows》」は、マウス操作《そうさ》を世界で初《はじ》めて実現《じつげん》したことになるの?

いや、実は1960年代の終わりごろには、すでにこのアイコンとマウスを使ったコンピューターのアイデアが考え出されていたんだ。1974年に「ALTO《アルト》」というコンピューターが実用化されたんだけれども、発想《はっそう》が革新的《かくしんてき》すぎて、当時はほとんど普及《ふきゅう》しなかったんだ。その後、1984年にアップル《Apple》社から発売された「マッキントッシュ《Macintosh》」というパソコンによってマウスとアイコンを使った絵で見てわかるコンピューターが一般的《いっぱんてき》に知られるようになったんだ。

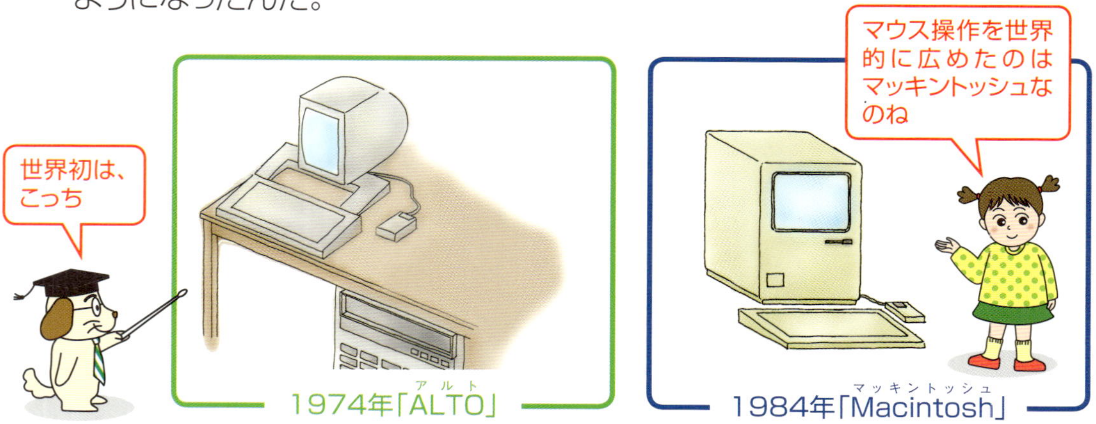
世界初は、こっち
マウス操作を世界的に広めたのはマッキントッシュなのね

1974年「ALTO《アルト》」

1984年「Macintosh《マッキントッシュ》」

じゃあ、「ウィンドウズ《Windows》」ができたのはいつなの?

マイクロソフト《Microsoft》社からウィンドウズ《Windows》が初《はじ》めて発売されたのは1985年のことなんだ。でも、初《はじ》めて登場したWindows1.0は使えるソフト(道具)も少なく、処理《しょり》も遅《おそ》く、画面も貧弱《ひんじゃく》で実用レベルにはまだまだだったんだ。

実用的に使えるレベルになるには、1995年のWindows95の発売まで待つことになるんだよ
処理が遅い
使えるソフトが少ない
画面が貧弱
Windows1.0搭載パソコン
Windows 1.0
Windows1.0
こんなパソコンじゃ仕事にならないよ

いつごろからウィンドウズ《Windows》が普及《ふきゅう》してきたの?

1993年に「Windows 3.1」というバージョンが発売されてからなんだ。それまでのパソコンに必要《ひつよう》だった日本語を専門《せんもん》に処理《しょり》する部品が必要《ひつよう》なくなり、NEC《エヌイーシー》が発売していたPC-9800シリーズというパソコンに代わって、ウィンドウズ《Windows》パソコンが普及《ふきゅう》していったんだ。この後、ウィンドウズ《Windows》は、「Windows 95」「Windows 98」「Windows Me」「Windows XP」「Windows Vista」「Windows 7」「Windows 8」「Windows 10」と進化を重ねてより便利《べんり》になっていったんだ。

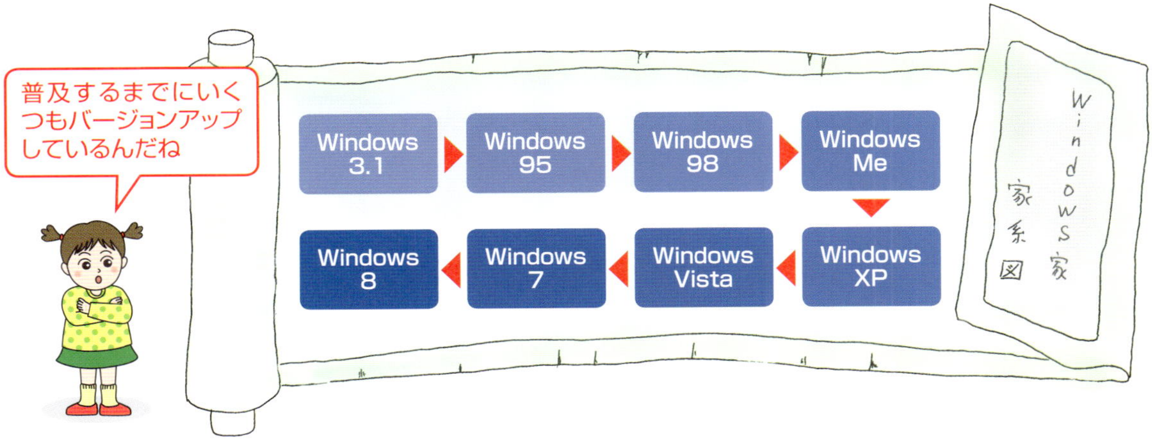
普及するまでにいくつもバージョンアップしているんだね
Windows 3.1
Windows 95
Windows 98
Windows Me
Windows XP
Windows Vista
Windows 7
Windows 8

19 質問 パソコンとウィンドウズの切っても切れない関係

パソコンにはどうして「ウィンドウズ《Windows》」が必要《ひつよう》なの?

前の項目《こうもく》でパソコンを動かすときに、裏方《うらかた》の仕事をする基本《きほん》ソフト(OS《オーエス》)が必要《ひつよう》だと説明《せつめい》したよね。このパソコンの基本《きほん》ソフト(OS《オーエス》)は、大きく分けて「ウィンドウズ《Windows》」「マック《Mac》」「リナックス《Linux》」の3種類《しゅるい》があって、「ウィンドウズ《Windows》」が世界で一番使われているんだ。使っている人が多い分、他の人とデータのやり取りがしやすいから便利《べんり》なんだよ。

じゃあどれを選べばいいの?

各基本《きほん》ソフト(OS《オーエス》)には、得意《とくい》な仕事の分野があり、「ウィンドウズ《Windows》」は、主に表計算や文書作成などの一般的《いっぱんてき》な事務《じむ》作業に向いているんだ。「マック《Mac》」は、音楽やグラフィックなど専門的《せんもんてき》な制作《せいさく》に向いていて、「リナックス《Linux》」は、サーバー構築《こうちく》などの開発者向けの仕事に最適《さいてき》なんだ。

表計算や文書作成など事務作業向き
音楽やグラフィックなど専門作業向き
サーバー構築などの開発作業向き
基本ソフト(OS)には、それぞれ得意な仕事の分野があるんだよ
シェア No.1
Windows
Mac
Linux

じゃあ、私はパソコンを買ったらウィンドウズ《Windows》を買えばいいの?

ほとんどのパソコンは、パソコンの本体と一緒《いっしょ》にウィンドウズ《Windows》がセットになって売られているから、あらためてウィンドウズ《Windows》を買い足す必要《ひつよう》はほとんどないんだよ。パソコンを買った値段《ねだん》の中にウィンドウズ《Windows》の代金も含《ふく》まれているってことだね。

「ウィンドウズ《Windows》」さえあれば自分で好きな絵を描いたり、計算をすることができるようになるのね？

「ウィンドウズ《Windows》」だけでは、空港《くうこう》に滑走路《かっそうろ》と管制塔《かんせいとう》があるだけで、まったく飛行機《ひこうき》が来ない状態《じょうたい》なんだ。空港《くうこう》は、飛行機《ひこうき》が来てはじめて空港《くうこう》としての価値《かち》があるよね。「ウィンドウズ《Windows》」も、飛行機の役割《やくわり》をする「ソフト（アプリ）」を使うことで、パソコンでさまざまなことができるようになるんだ。

ソフトの役割をする飛行機やデータの役割のお客さんが来ないと空港としての意味がないよね
○△空港
飛行機の来ない空港なんて意味がないや

「ソフト」って何？

「ソフト」とは、スマホでいう「アプリ」と同じだよ。つまり、そろばんやクレヨンのような道具にあたるんだよ。このソフトを使うことによって、パソコンでお金の計算をしたり、絵を描《か》いたりすることができるようになるんだ。いわば、「ソフト」は、ビジネスから趣味《しゅみ》まで目的《もくてき》に応《おう》じてパソコンを変身《へんしん》させる「魔法《まほう》の杖《つえ》」のようなものなんだ。

ソフトによって何にでも変身できるよ
変身
変身
ソフトは目的によってパソコンを変身させる「魔法の杖」みたいだね
表計算ソフトで集計する
パソコン
ペイントソフトで絵を描く

「ウィンドウズ《Windows》」に付いているソフトだけではだめなの?

ウィンドウズ《Windows》には、インターネットでホームページを見るためのソフトやEメールを使うためのソフトがおまけで付いてくるんだけど、いろいろなことができるワープロソフトや便利《べんり》な表計算ソフトを使いたいときは、ソフト(アプリ)を買い足してパソコンを変身《へんしん》させて使うのが基本《きほん》なんだよ。

パソコンに「ワード《Word》・エクセル《Excel》プリインストール」って書いてあるけどどういう意味?

これは、パソコンにあらかじめ「ソフト(アプリ)」の「ワード《Word》」や「エクセル《Excel》」が入っていることを意味しているんだよ。だから、パソコンを買ってきてすぐに文章を作ったり、表計算をしたりできるようになっているんだ。

プリインストールっていうのは、あらかじめソフトが入っているということだよ
Excel・Word プリインストール済みパソコン
パソコン
Excelプリインストール
Wordプリインストール

いろんなソフトがたくさん入ったパソコンがお買い得《どく》なの?

パソコンにいろいろなソフトが入っていると、すぐにいろいろなことができてお買い得《どく》に見えるけど、あらかじめ入っているソフトが自分にとって本当に必要《ひつよう》かどうか見極《みきわ》める必要《ひつよう》があるね。これらのソフトはおまけのように思えるけれども、実際《じっさい》は、パソコンの代金の中にソフトの代金も含《ふく》まれているので、必要《ひつよう》のない買い物をしていないか注意してね。

自分にとって本当に必要かどうかよく考えてから購入しよう
パソコン
パソコンソフト
えっー! パソコンにこんなにソフトが入っていたの

質問 20 ウィンドウズ《Windows》が「わかりにくい」といわれる理由

ウィンドウズ《Windows》パソコンの電源《でんげん》をONにしたら、タイルのような選択肢《せんたくし》がたくさんある画面が表示《ひょうじ》されたよ。

この画面は、ウィンドウズ《Windows》8の最初《さいしょ》に表示《ひょうじ》される「スタート画面」だよ。ウィンドウズ《Windows》の基本《きほん》画面は、このスタート画面から始まり、自分のやりたいタイルを選《えら》ぶんだ。ウィンドウズ《Windows》7以前《いぜん》の最初《さいしょ》に表示《ひょうじ》される画面と大幅《おおはば》にデザインや仕組《しく》みが変わっているので、前のウィンドウズ《Windows》の画面に慣《な》れていた人は、少し戸惑《とまど》ってしまうことがあるよ。初心者《しょしんしゃ》には、なおさらわかりにくいかもしれないけど、早く慣《な》れることが大事だよ。

◉スタート画面

パソコンが壊《こわ》れたときにどこに電話して聞いたらいいのかわからない!?

「パソコンが壊《こわ》れたのか」「ウィンドウズ《Windows》が壊《こわ》れたのか」「使っているソフト(アプリ)の調子が悪いのか」わかりにくいよね。何が原因《げんいん》かによって問い合わせ先を選《えら》ばなくてはならないのは、パソコン初心者《しょしんしゃ》には難《むずか》しいよね。どうしてもわからなければ、パソコンのサポートサービスに連絡《れんらく》してみるのが無難《ぶなん》だよ。

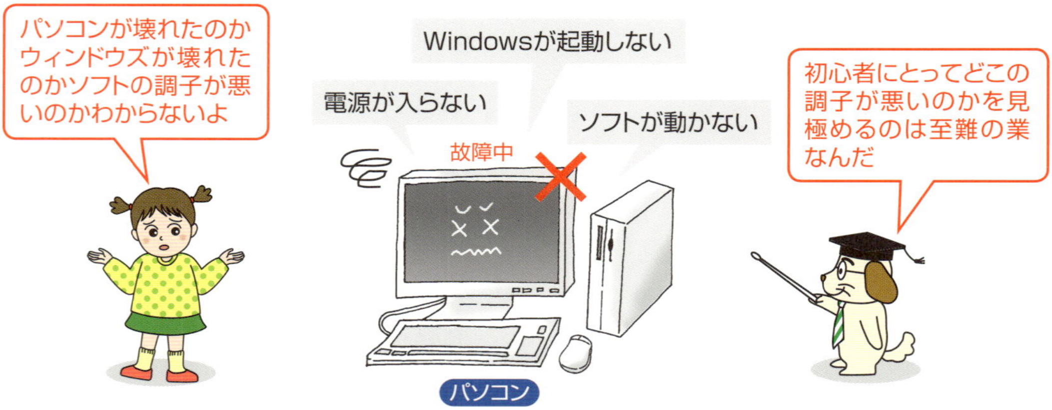
パソコンが壊れたのかウィンドウズが壊れたのかソフトの調子が悪いのかわからないよ
Windowsが起動しない
電源が入らない
ソフトが動かない
故障中
初心者にとってどこの調子が悪いのかを見極めるのは至難の業なんだ
パソコン

なぜウィンドウズ《Windows》では同じ操作《そうさ》をするのに何通りもの操作方法《そうさほうほう》があるの?

確《たし》かにウィンドウズ《Windows》をよく知っている人にとっては、いろいろな操作《そうさ》が選《えら》べて応用的《おうようてき》な操作《そうさ》がやりやすいんだけれど、ウィンドウズ《Windows》やパソコンを初《はじ》めて触《さわ》った人にとっては同じような操作《そうさ》がたくさんあって紛《まぎ》らわしいよね。

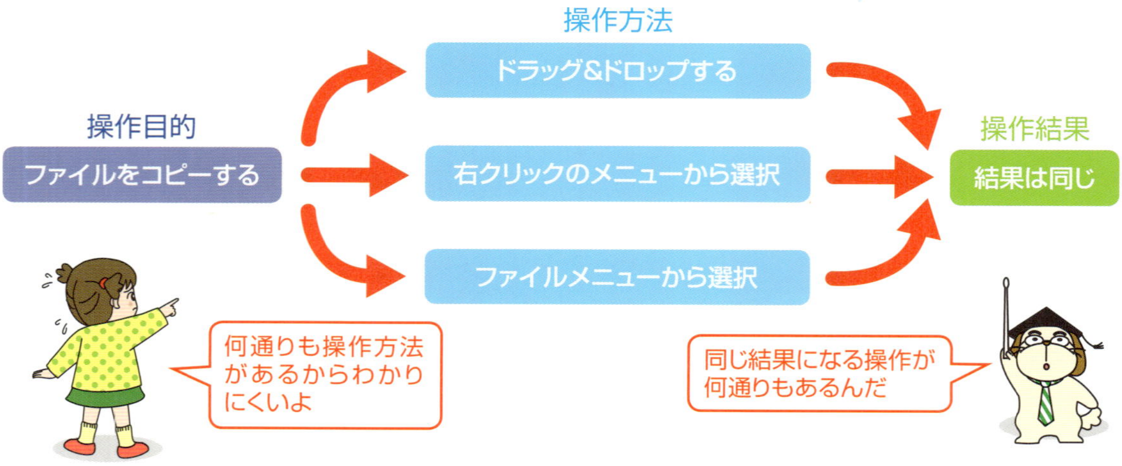
操作方法
ドラッグ&ドロップする
右クリックのメニューから選択
ファイルメニューから選択
操作目的
ファイルをコピーする
操作結果
結果は同じ
何通りも操作方法があるからわかりにくいよ
同じ結果になる操作が何通りもあるんだ

21 質問 「デスクトップ」という特別な広場について

スタート画面のタイルを押したら、こんな別《べつ》の画面が表示《ひょうじ》されたよ?

それは、「デスクトップ」といわれる画面だね。

「デスクトップ」って何ですか?

ウィンドウズ《Windows》で行われるすべての作業は、このデスクトップと呼《よ》ばれる画面で行われるんだ。デスクトップは、日本語で「机《つくえ》の上」という意味なんだよ。

◉デスクトップの画面

つまり「作業する机の上」という意味でデスクトップというんだ
日本語で「机の上」といえば、わかりやすいのにね
デスクトップ《DeskTop》 = 机の上

「デスクトップ」ってどんな役割《やくわり》があるの？

ウィンドウズ《Windows》には、複数《ふくすう》のソフト（アプリ）で同時に仕事ができるという特徴《とくちょう》があるんだ。たとえば、机《つくえ》の上に「旅費《りょひ》計算」のノートと「日記帳」を同時に開いておけるといったイメージだよ。これをパソコンで実現《じつげん》するには、画面が「机《つくえ》の上」のように、いろいろな書類《しょるい》を同時に開いておけるようになっている必要《ひつよう》があるんだ。これを実現《じつげん》した機能《きのう》が「デスクトップ」なんだよ。

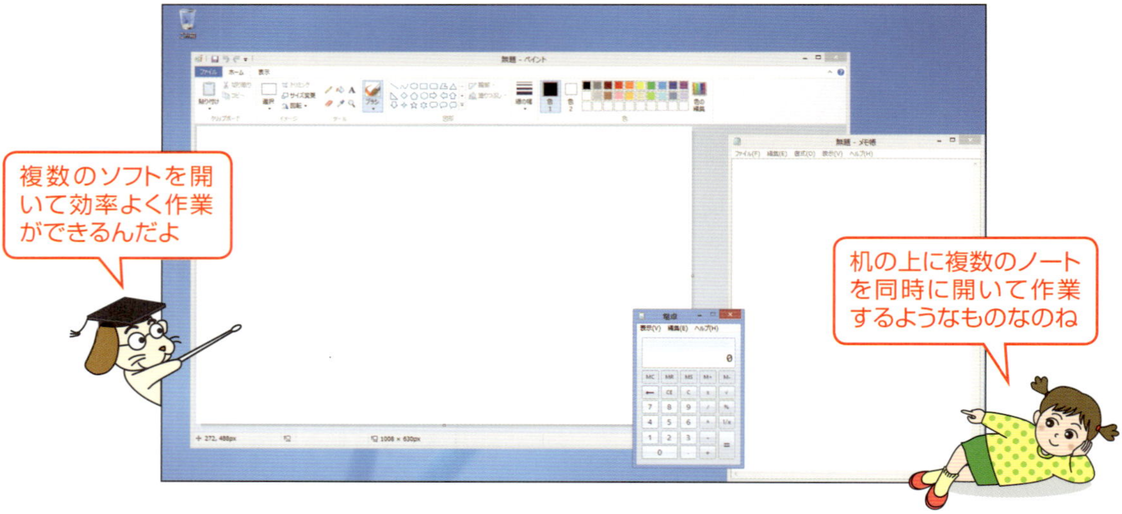
複数のソフトを開いて効率よく作業ができるんだよ
机の上に複数のノートを同時に開いて作業するようなものなのね

デスクトップは、書類《しょるい》を同時に開くといった使い方しかできないの？

ウィンドウズ《Windows》のデスクトップ画面は、この他にも机《つくえ》の上の書類《しょるい》を整理《せいり》したり、新しい書類《しょるい》を作成するための道具（ソフト）を選《えら》んだりする場所でもあるんだ。

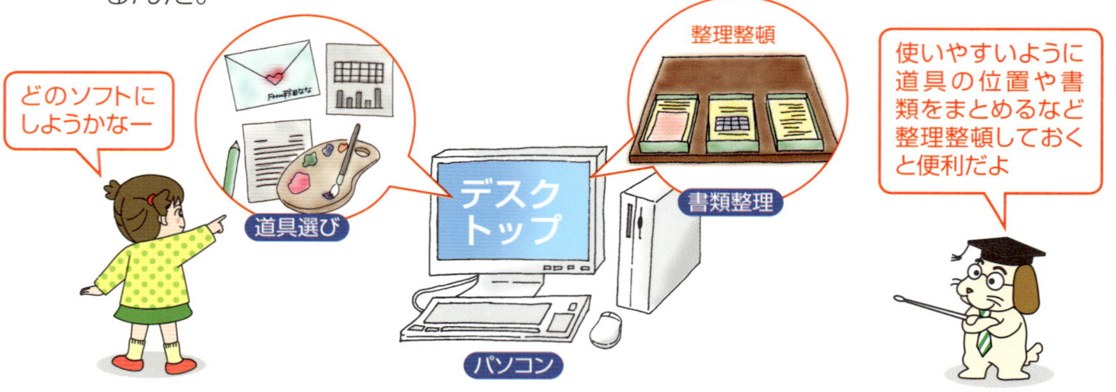
どのソフトにしようかなー
道具選び
整理整頓
書類整理
デスクトップ
パソコン
使いやすいように道具の位置や書類をまとめるなど整理整頓しておくと便利だよ

22 質問 パソコンの環境《かんきょう》を見るための「入り口」について

「コンピューター」っていうパソコンのアイコンがあるけどこれは何なの?

これはウィンドウズ《Windows》からパソコンの中身を覗《のぞ》くための入り口なんだ。パソコンの本体を見てもパソコンがどういう状況《じょうきょう》になっているかわからないよね。目で見てわからない状況《じょうきょう》を確認《かくにん》するための入り口なんだ。

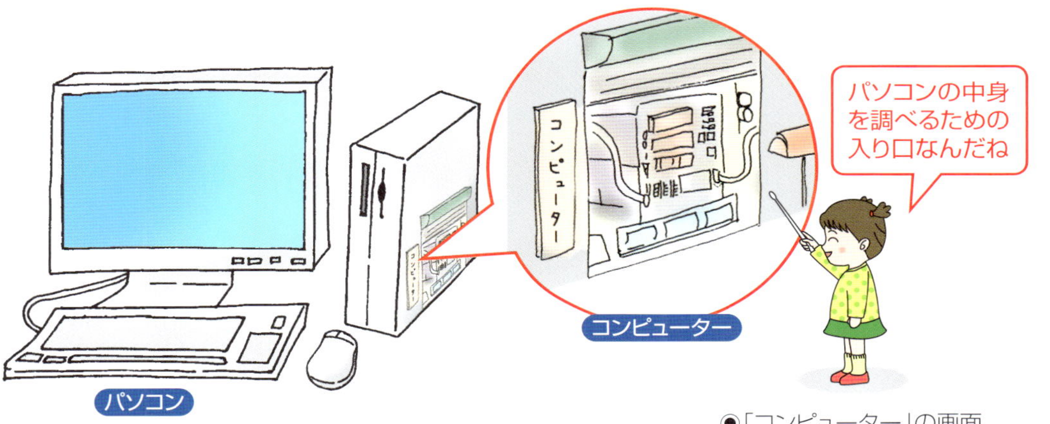

◉「コンピューター」の画面

この「コンピューター」の中に「ローカルディスク」と「DVDドライブ」ってあるけど、これってどんな役割《やくわり》なの?

このアイコンと呼ばれる絵のボタンから、データが保存《ほぞん》されている倉庫《そうこ》のローカルディスクやデータの入れ物のCDやDVDへつながっているんだ。

ローカルディスク
データや設定などが記録されている倉庫
DVDドライブ
DVD
ソフトや素材集などのデータを読み込むための入れ物
音楽や映画のCDやDVDは、このドライブを使って再生することができるのね

ローカルディスクの中身って自由にいじってもいいの?

ローカルディスクにはウィンドウズ《Windows》を動かすための重要《じゅうよう》な設定《せってい》がたくさん入っているんだ。うまく設定《せってい》すれば調子の悪いパソコンを直すこともできるけど、まちがった操作《そうさ》をするとパソコンが起動《きどう》しなくなったりすることがあるので、不用意《ふようい》に触《さわ》らない方がいいよ。

「コントロールパネル」って画面が出たけどこれは何?

ウィンドウズ《Windows》の設定《せってい》を行うために使うんだ。ちょうど自動車のボンネットを開けて点検《てんけん》を行っているような感じなんだ。パソコンがちゃんと動いているかを確認《かくにん》したり調子のよくない箇所《かしょ》をチェックしたりすることができるんだ。

車のボンネットを開けて点検を行うようなものなんだ
難しい設定が詰まっているのね
コントロールパネルのイメージ

第4章 そもそもインターネットって何?

質問23 「インターネット」って何?

そもそも「インターネット」って何?

「インターネット」とは、世界中を覆《おお》い尽《つ》くす巨大《きょだい》なネットワーク(情報《じょうほう》をやり取りするための通信網《つうしんもう》)のことなんだ。もともと別々《べつべつ》だったネットワークを接続《せつぞく》した結果、世界規模《きぼ》のネットワークが生まれたんだ。なお、「インターネット」を日本語で直訳《ちょくやく》すると、「相互通信網《そうごつうしんもう》」という意味になるんだ。

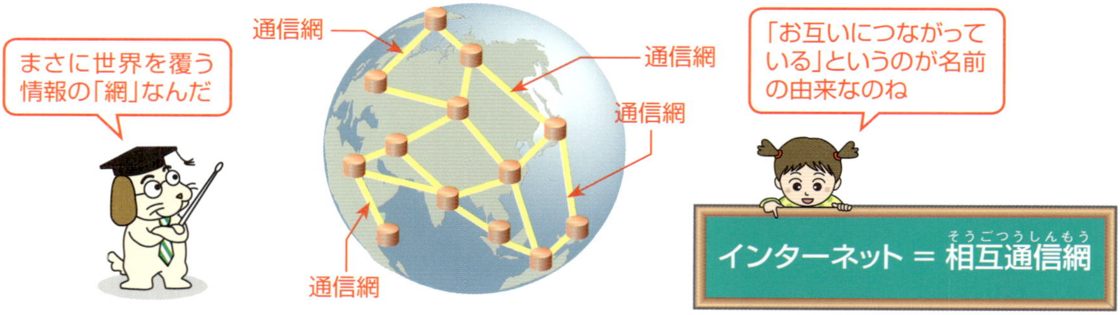
まさに世界を覆う情報の「網」なんだ
通信網
通信網
通信網
通信網
「お互いにつながっている」というのが名前の由来なのね
インターネット = 相互通信網《そうごつうしんもう》

インターネットは何がそんなにすごいの?

インターネットを利用すると、「個人《こじん》」のパソコンやスマホで世界とやり取りできるようになるんだ。具体的《ぐたいてき》には、次のようなことができるようになるよ。

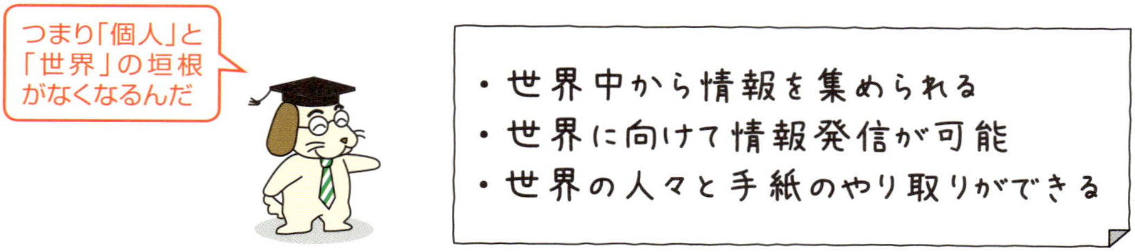
つまり「個人」と「世界」の垣根がなくなるんだ
・世界中から情報を集められる
・世界に向けて情報発信が可能
・世界の人々と手紙のやり取りができる

インターネットは誰《だれ》が運営《うんえい》しているの?

インターネット全体を一手に運営《うんえい》している人はいないんだ。これは、インターネットがネットワークの寄《よ》せ集めだからなんだ。それぞれのネットワークは統一《とういつ》された決まりにしたがって構築《こうちく》されているため、それらのネットワーク同士《どうし》を結《むす》んだ結果《けっか》、世界規模《きぼ》の巨大《きょだい》ネットワーク（インターネット）として機能《きのう》するようになったんだ。

ケーブルをつなぐ工事などの費用《ひよう》は、誰《だれ》が負担《ふたん》しているの？

ケーブルを引くときは、そのケーブルを利用する企業《きぎょう》や団体《だんたい》が協力《きょうりょく》して費用《ひよう》を出し合っているんだ。また、いったん引いたケーブルは、誰《だれ》が利用しても文句《もんく》は言わないというのが、インターネットのルールなんだよ。つまり、インターネットの回線《かいせん》は、みんなでお金を出し合って作る公共の道路にたとえられるんだ。

お互いにお金を出し合って、共同で回線を維持するのね
インターネットの回線
回線を接続しよう
費用は半分ずつ出そうね
会社A
会社B

世界規模《きぼ》のネットワークというけど、本当に世界中がケーブルでつながっているの？

実際《じっさい》に、海底《かいてい》にケーブルを引いてつながっているよ。海底《かいてい》に引いてあるケーブルには、光ファイバーというケーブルを使っているので、まさしく光の速さで通信《つうしん》ができるんだよ。また、海底《かいてい》ケーブルの他にも、人工衛星《じんこうえいせい》を使った無線通信《むせんつうしん》も利用されているんだ。

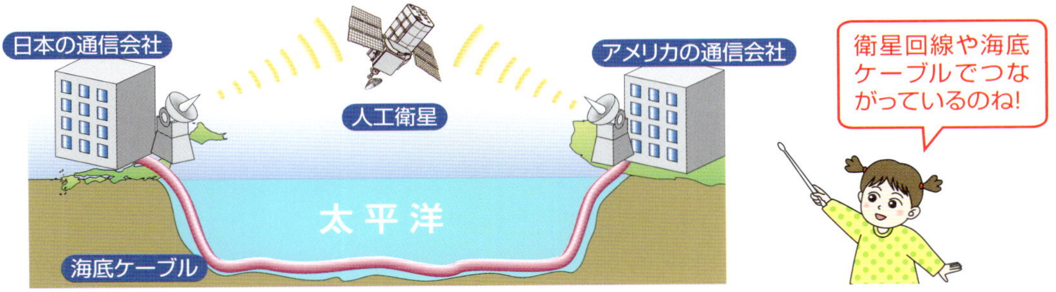
日本の通信会社
人工衛星
アメリカの通信会社
衛星回線や海底ケーブルでつながっているのね!
太平洋
海底ケーブル

質問24 インターネットの歴史《れきし》

インターネットはいつ生まれたの?

1969年にアメリカ国防総省《こくぼうそうしょう》が作った、アーパネット《ARPANET》がインターネットの祖先《そせん》なんだ。アーパネット《ARPANET》は、核攻撃《かくこうげき》などでネットワークの一部が切断《せつだん》されても、ネットワーク全体に被害《ひがい》が及《およ》ばないような仕組《しく》みのために作られたんだ。最初《さいしょ》は4台のコンピューターしかつながっていなかったんだけど、他のネットワークが次々につながり、あっという間に巨大《きょだい》なネットワークになったんだよ。ただし、アーパネット《ARPANET》は軍事《ぐんじ》用で、一般《いっぱん》の人は利用できなかったんだ。

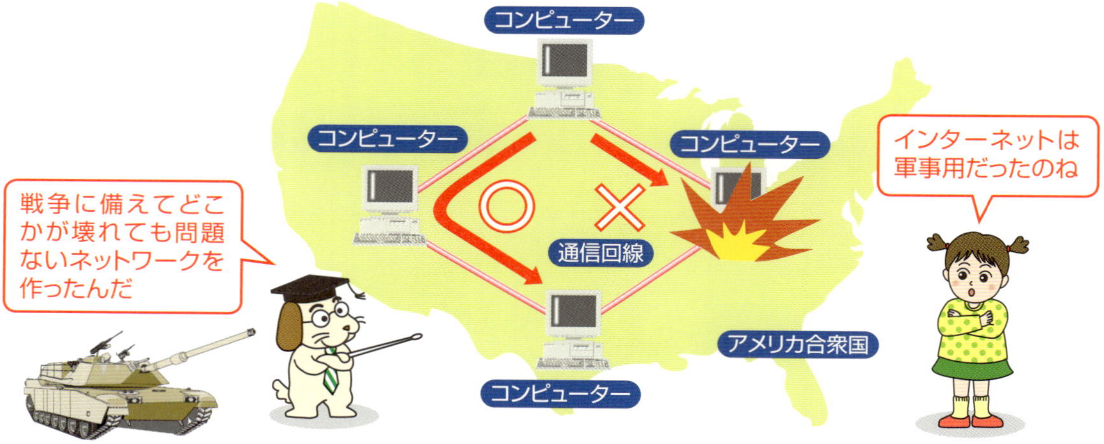
コンピューター
コンピューター
コンピューター
コンピューター
通信回線
アメリカ合衆国
戦争に備えてどこかが壊れても問題ないネットワークを作ったんだ
インターネットは軍事用だったのね

インターネットを一般《いっぱん》の人が使うようになったのはいつごろなの?

1990年、アーパネット《ARPANET》の研究《けんきゅう》が終了《しゅうりょう》し、そのネットワークが一般《いっぱん》社会に開放《かいほう》されてからだよ。アーパネット《ARPANET》の開放《かいほう》と同時に、商用《しょうよう》プロバイダ(接続《せつぞく》請《う》け負《お》い会社)が登場し、一般《いっぱん》の人が利用しやすい環境《かんきょう》が整《ととの》っていったんだ。ちなみに、世界初《はつ》の商用《しょうよう》プロバイダは、「ワールド社」という会社だよ。

どうして現在《げんざい》のようにインターネットの利用者が増えたの?

1990年以降《いこう》、インターネットで情報《じょうほう》をやり取りする環境《かんきょう》が急速《きゅうそく》に整《ととの》っていったからなんだ。1991年にホームページの基礎《きそ》である「WWW《ワールドワイドウェブ》」という技術《ぎじゅつ》が生まれ、1993年には「モザイク《Mosaic》」という名前の、WWW《ワールドワイドウェブ》を見るための道具(ブラウザ)が開発されたんだ。この時点で、現在《げんざい》のインターネットの基本《きほん》が整《ととの》ったんだよ。そして、ウィンドウズ《Windows》95の登場で接続《せつぞく》が簡単《かんたん》になると、インターネット利用者が加速度的《かそくどてき》に増えていったんだ。

年代	できごと
1990年	アーパネットの開放
1991年	www技術の誕生
1992年	日本初のプロバイダ誕生
1993年	mosaicの登場
1994年	NetscapeNavigatorの登場
1995年	windows95の登場

日本でインターネットが利用できるようになったのはいつごろなの?

1989年(平成元年)、日本の回線《かいせん》とNSFNET《エヌエスエフネット》(インターネットの背骨《せぼね》にあたるネットワーク)が接続《せつぞく》され、日本でもインターネットが利用できるようになったんだ。さらに、日本がインターネットにつながってから3年後(1992年)に、「AT&T Jens社」が日本で最初《さいしょ》の商用《しょうよう》プロバイダとして登場したんだよ。

今後は、インターネットはどんなふうに進化していくの?

インターネットは昔に比《くら》べて、高速通信網《つうしんもう》(ブロードバンド)化が進んでいて、今後は、さらに高速な通信回線《つうしんかいせん》を使って、スマホなどの小型端末《こがたたんまつ》のインターネットのサービスが充実《じゅうじつ》していくと予想《よそう》されるよ。

通信速度が上がって、いろんなことができるようになるのね
インターネット
音楽配信
テレビ放送
生中継
テレビ電話
ますます生活に欠かせない存在になっていくんだろうね

質問25 インターネットでできること

インターネットって具体的《ぐたいてき》に何がそんなに「便利《べんり》」なの？

インターネットは、世界中の「見知らぬ人」に対して情報《じょうほう》を発信《はっしん》するときに便利《べんり》なんだ。たとえば、ななちゃんが「自分で育てたチューリップ」をみんなに見てもらいたくて、新聞広告《こうこく》やテレビCMで知らせようとすると、数億《おく》円の費用《ひよう》がかかると思うよ。でも、インターネットを使うと、ほとんどタダ同然《どうぜん》で世界中に情報《じょうほう》を発信《はっしん》できるんだ。

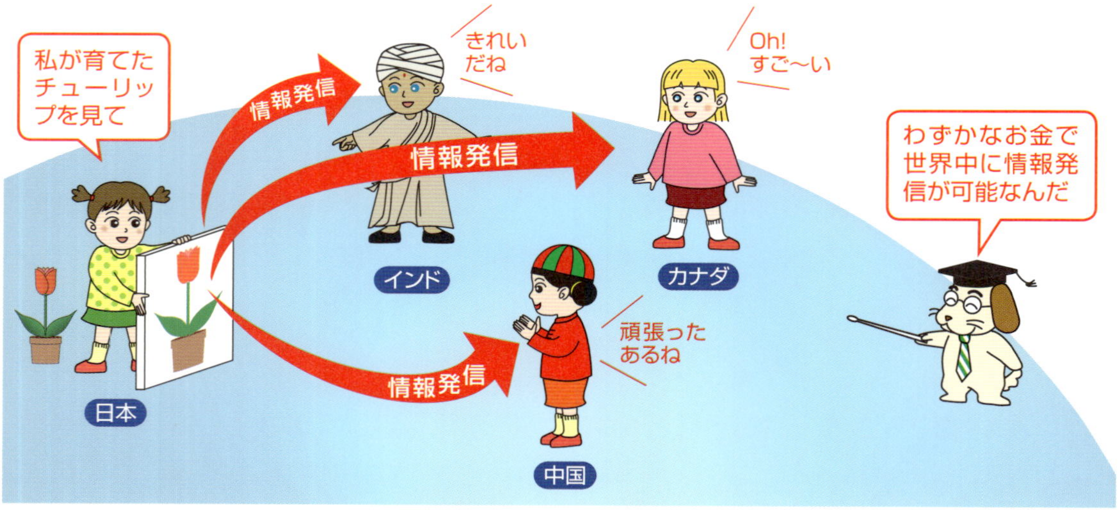
私が育てたチューリップを見て
情報発信
情報発信
情報発信
きれいだね
Oh! すご〜い
頑張ったあるね
わずかなお金で世界中に情報発信が可能なんだ
日本
インド
カナダ
中国

世界に向けて発信《はっしん》したい情報《じょうほう》がない人には、インターネットを使うメリットはないんじゃないの？

インターネットは、情報《じょうほう》の発信《はっしん》だけでなく、情報《じょうほう》の収集《しゅうしゅう》にも威力《いりょく》を発揮《はっき》するよ。インターネット上には、情報《じょうほう》を発信《はっしん》したい人たちが作った「ホームページ」が無数《むすう》にあって、このホームページを見ることで、知りたい情報《じょうほう》を集めることができるよ。企業《きぎょう》が作ったホームページでは、製品《せいひん》や人材募集《じんざいぼしゅう》の広告《こうこく》、企業理念《きぎょうりねん》などの情報《じょうほう》を発信《はっしん》しているよ。

世界中の「不特定多数《ふとくていたすう》の人」じゃなくて、「特定《とくてい》の人」との情報交換《じょうほうこうかん》はできないの?

Eメール(電子メール)を使うと、特定《とくてい》の人との情報交換《じょうほうこうかん》が簡単《かんたん》にできるよ。Eメールとは、インターネットの通信網《つうしんもう》を使って、文章や画像《がぞう》などを手紙のように相手に送ることができるサービスのことなんだ。Eメールでのやり取りは、ちょうど、誰《だれ》かと文通をするようなイメージだよ。

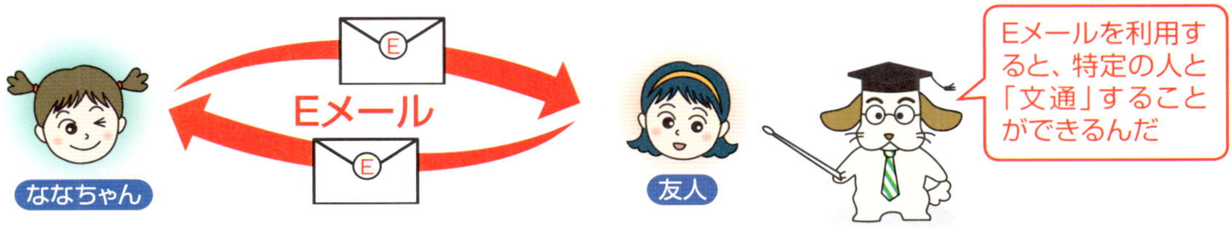
Eメール
ななちゃん
友人
Eメールを利用すると、特定の人と「文通」することができるんだ

ホームページやEメールの他に、インターネットにはどんな便利《べんり》な使い方があるの?

リアルタイムで文章で会話できる「チャット」や、不特定多数《ふとくていたすう》の人と意見を交換《こうかん》できる「掲示板《けいじばん》」などがあるんだ。他にも、インターネットの通信回線《つうしんかいせん》を利用して複数《ふくすう》の人間でゲームを楽しむ「オンラインゲーム」や、ホームページ上で商品を買える「オンラインショッピング」などもあるよ。

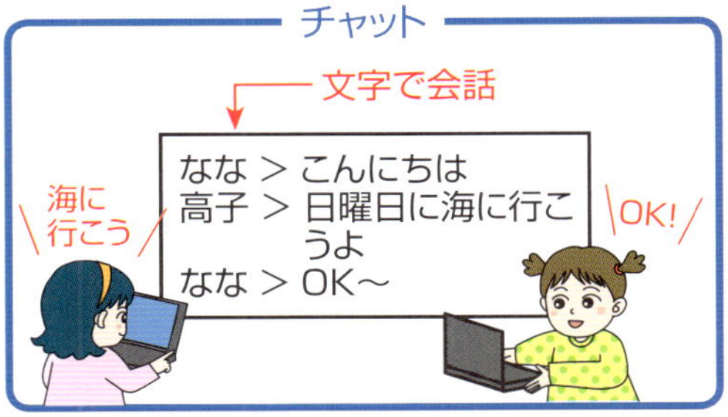
チャット
文字で会話
なな > こんにちは
高子 > 日曜日に海に行こうよ
なな > OK～
海に行こう
OK!

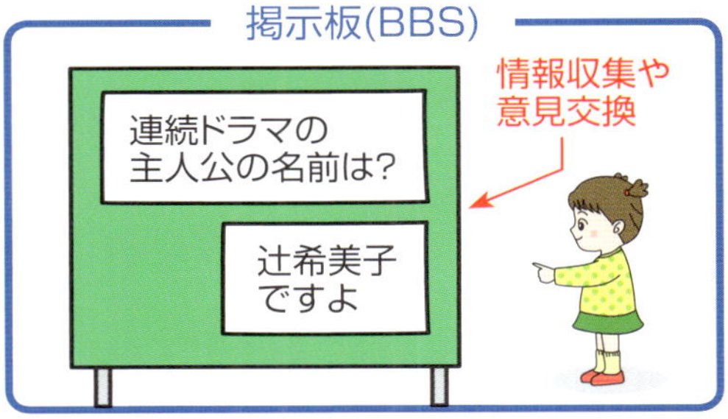
掲示板(BBS)
連続ドラマの主人公の名前は?
辻希美子ですよ
情報収集や意見交換

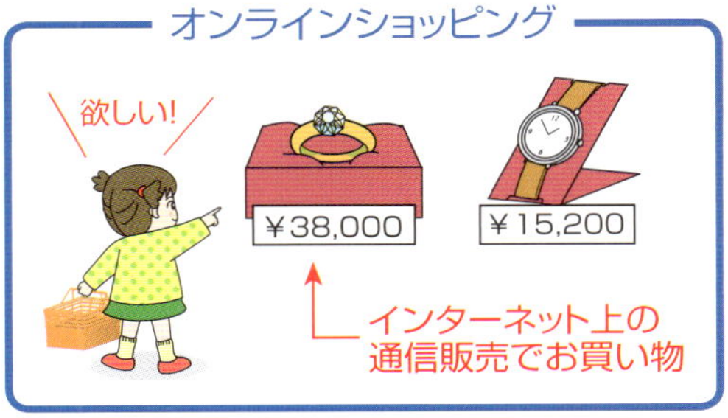
オンラインショッピング
欲しい!
¥38,000
¥15,200
インターネット上の通信販売でお買い物

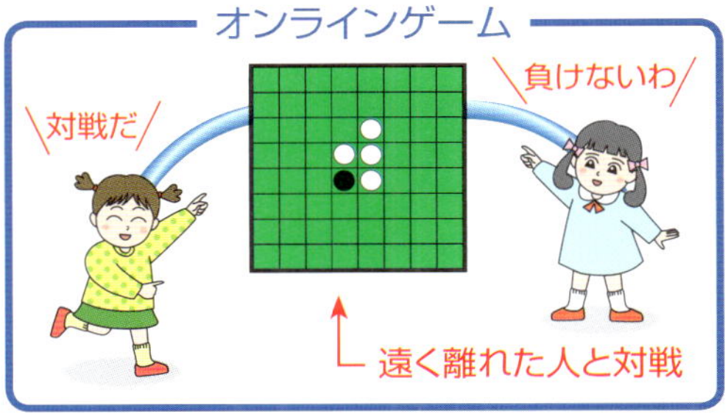
オンラインゲーム
対戦だ
負けないわ
遠く離れた人と対戦

26 質問 インターネットのここがわかりにくい!

「ブロードバンド」や「プロバイダ」など、学校でも習わないような単語《たんご》が多すぎるよ!

「ブロードバンド」や「プロバイダ」などの言葉は、英語の読みをそのままカタカナで表現《ひょうげん》しているからわかりにくいんだ。しかも、インターネットは近年アメリカで生まれた技術《ぎじゅつ》だから、使っている用語も学校で習わなかったような英単語が多いんだ。残念《ざんねん》だけど、少しずつ慣《な》れていくしかないんだ。

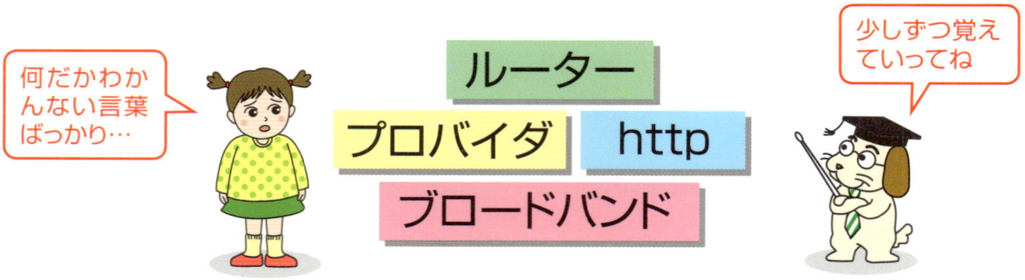
何だかわかんない言葉ばっかり…
ルーター
プロバイダ
http
ブロードバンド
少しずつ覚えていってね

どのパソコンを買えばインターネットできるのかわからない!

ノートパソコンや初心者《しょしんしゃ》向けパソコンなど、確《たし》かに種類《しゅるい》が多くてわかりにくいよね。でも、最近のパソコンなら、ほとんどの機種《きしゅ》でインターネットができるから大丈夫《だいじょうぶ》だよ。念《ねん》のため、買う前にお店の人に聞いてみるといいよ。

インターネット簡単接続
インターネットするなら
これ1台でインターネットが楽々
初心者向け
上級者向け
ノートパソコン
最近のパソコンなら大丈夫だよ

インターネットにつなげない場合、誰《だれ》に解決法《かいけつほう》を聞けばいいのかわからない!

インターネットのトラブルは、機器《きき》・ソフトウェア・電話線・プロバイダなど、あらゆる要素《ようそ》が絡《から》むために原因《げんいん》を特定《とくてい》するのが難《むずか》しいんだ。通信《つうしん》会社のサポートサービスもあるから、わからない場合は、電話をすれば教えてくれるよ。他にもパソコンに詳《くわ》しい知り合いがいたら、相談《そうだん》にのってもらうのも手だと思うよ。

パソコンを買ったお店に聞く?
電話会社に聞く?
ソフト会社に聞く?
接続できません
知り合いに詳しい人がいたら、相談にのってもらうといいかもね
どこが悪いのかわからないと、問い合わせ先がハッキリしないね

インターネットを使うと、いろんなところにお金を払《はら》う必要《ひつよう》があるみたいで不安《ふあん》…

インターネットの料金《りょうきん》は、一般的《いっぱんてき》に、電話会社とプロバイダの2つの会社に支払《しはら》う必要《ひつよう》があるんだ。しかも、通信回線《つうしんかいせん》やサービスによって料金《りょうきん》もちがってくるので、やたらとお金がかかるように見えるかもしれないね。インターネットを始める前には、月々《つきづき》の予算《よさん》を計算した上で、できるだけ無駄《むだ》を抑《おさ》えて利用するといいよ。

電話会社
両方の会社に支払う必要があるのね
プロバイダ
基本料金は電話会社とプロバイダの2本立てなんだ
支払い
¥
¥
支払い

質問27 インターネットの入り口となる会社について

パソコンを買ってきたら、すぐにインターネットを始められるの?

パソコンを買ってきただけでは、すぐにインターネットを始められないんだ。インターネットを始めるには、まず「プロバイダ」というインターネット接続《せつぞく》会社と契約《けいやく》をしないといけないよ。その後、プロバイダを通してインターネットに接続《せつぞく》するんだ。

電源を入れたのにインターネットできないよ?
表示
できません
パソコン
プロバイダと契約しないとインターネットにつなげないよ

「プロバイダ」って何?

「プロバイダ」とは、インターネット接続《せつぞく》の窓口《まどぐち》となる会社のことだよ。正確《せいかく》には「Internet《インターネット》 Service《サービス》 Provider《プロバイダー》」といって、日本語に訳《やく》すと「インターネットサービスを供給《きょうきゅう》する者」という意味なんだ。プロバイダにあるコンピューターは常時《じょうじ》インターネットに接続《せつぞく》されていて、これがインターネットの入り口なんだよ。プロバイダと利用契約《けいやく》を結《むす》ぶと、インターネットの入り口を貸《か》してもらえるんだ。

ホームページA
ホームページB
インターネット
インターネットを利用したいんだけど…
パソコン
僕が持っているインターネットの入り口を貸してあげるよ
プロバイダ

プロバイダとの「契約《けいやく》」ってどうすればいいの?

プロバイダのホームページから申《もう》し込《こ》む方法《ほうほう》と、書類《しょるい》で申《もう》し込《こ》む方法《ほうほう》とがあるよ。ホームページから申《もう》し込《こ》む場合、ウィンドウズ《Windows》にあらかじめ登録《とうろく》されているプロバイダ情報《じょうほう》の中から選《えら》んで契約《けいやく》することができるんだ。書類《しょるい》で申《もう》し込《こ》む場合、電話やFAXでプロバイダに資料《しりょう》を請求《せいきゅう》すると、申《もう》し込《こ》み用紙が同封《どうふう》されてくるよ。プロバイダの電話番号などは、インターネット関係《かんけい》の雑誌《ざっし》などに載《の》っているよ。

パソコンとプロバイダをどうやってつなぐの?

パソコンとプロバイダは、インターネット回線《かいせん》を使ってつなぐんだよ。パソコンに内蔵《ないぞう》されているモデムという機器《きき》と、ルーターと呼《よ》ばれるインターネット回線《かいせん》がつながった機器《きき》をLAN《ラン》ケーブルでつなげばいいんだよ。

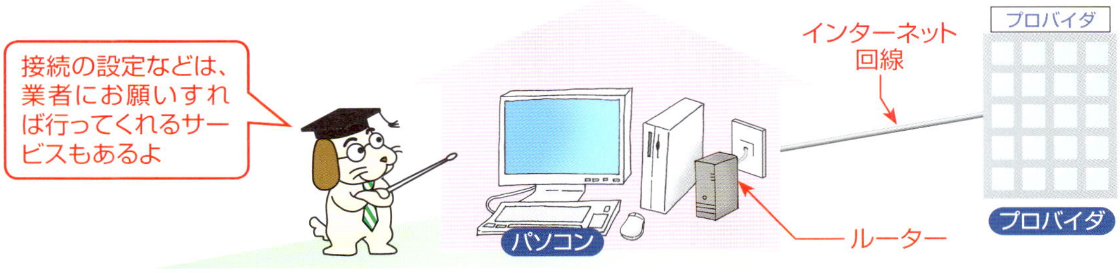
接続の設定などは、業者にお願いすれば行ってくれるサービスもあるよ
インターネット回線
プロバイダ
パソコン
ルーター
プロバイダ

プロバイダは何を基準《きじゅん》に選《えら》べばいいの?

一概《いちがい》にいえないんだけど、料金《りょうきん》の安さ・つながりやすさ・サービス内容《ないよう》・サポート体制《たいせい》の充実度《じゅうじつ》が、プロバイダを選《えら》ぶ基準《きじゅん》になるんじゃないかな。

プロバイダ選びのポイント

1. 料金の安さ
2. 回線速度(バックボーンが太いこと)
3. つながりやすいか(ビジーにならないこと)
4. サポート(電話での問い合わせ、接続の設定が簡単にできることなど)

この4つがポイントになると思うよ

質問 28 インターネットで使う特殊な記号について

インターネットを使っていると出てくる変《へん》な記号は何？

「http://」や「@」の記号は、ホームページやEメールのアドレス（インターネット上の住所）を表す際《さい》の決まりごとなんだ。インターネットを利用するときには必《かなら》ず使うので、覚《おぼ》えるしかないんだ。

この記述はインターネットの住所を表す際に使うんだ
http://www.c-r.com
「@」はEメールを表すときの記号なのね
nana@c-r.com

それぞれの記号の読み方や入力方法《ほうほう》を教えて！

それぞれのキーには、下の図のような名前が付いているんだ。図の枠《わく》の下の段《だん》に、入力するためのキーを表示《ひょうじ》したから参考《さんこう》にしてね。

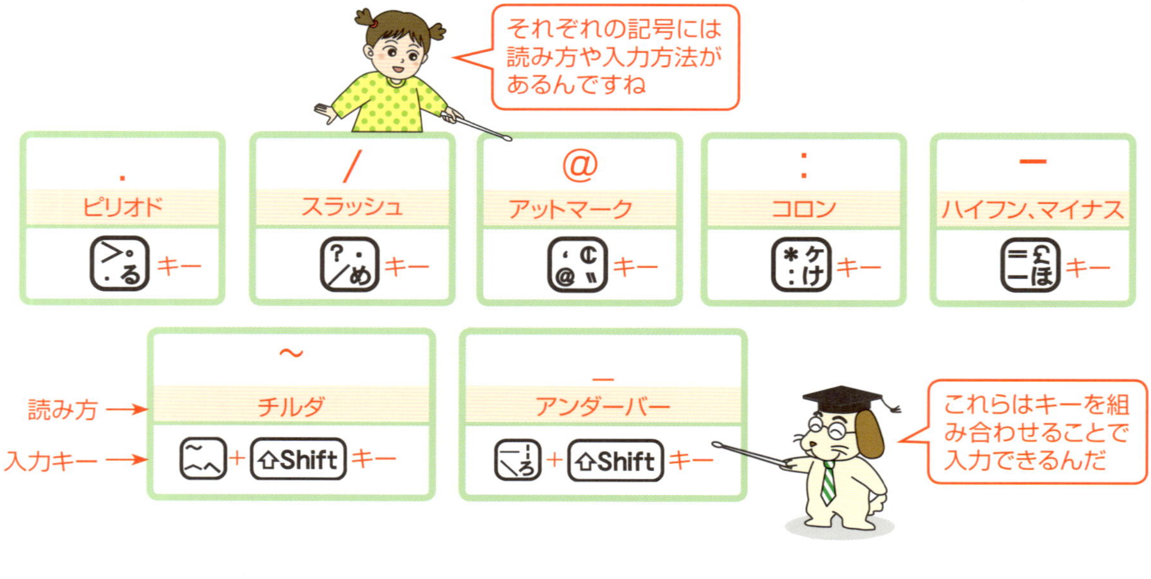
それぞれの記号には読み方や入力方法があるんですね
.
ピリオド
キー
/
スラッシュ
キー
@
アットマーク
キー
:
コロン
キー
ー
ハイフン、マイナス
キー
読み方
入力キー
~
チルダ
+ ⇧Shift キー
_
アンダーバー
+ ⇧Shift キー
これらはキーを組み合わせることで入力できるんだ

「/」「:」「@」などのキーはキーボードのどこにあるの?

インターネットで使うキーは、キーボードの右側《がわ》に集中《しゅうちゅう》して配置《はいち》されているよ。下のキーボードの図を参考《さんこう》にして入力してね。

「/」と「−」はここでもOKだよ
キーボードの一箇所に集中して配置されているのね

「~(チルダ)」を入力するキーは、どのキーを押すの?

この「~(チルダ)」の文字は[~^へ]キーを使用するんだ。なお、パソコンメーカーによっては、違う場所に刻印しているキーボードもあるから、よく確認してから入力するといいよ。

このキーボードでは「~」はこのキーを押す

記号を入力するときに注意する点はあるの?

インターネット上でのルールとして、アドレスは半角文字で入力する必要《ひつよう》があるんだ。これは、インターネット上には半角英数字しか扱《あつか》えないコンピューターがあるからなんだ。必《かなら》ず、ウィンドウズ《Windows》の画面の一番右下にある言語バーが あ ではなく A になっている状態《じょうたい》で入力してね。

2015/06/03
言語バー
あ
日本語入力
A
英字入力
言語バーが英字入力になっていることを確かめてね

第4章 そもそもインターネットって何?

質問29 インターネットのここが危険《きけん》！

インターネットをするとウイルスに感染《かんせん》するって聞いたけど、どんな病気になるの？

インターネットで感染《かんせん》するウイルスは「コンピューターウイルス」といって、人間が感染《かんせん》するウイルスではないんだよ。コンピューターウイルスとは、パソコンの中のデータを破壊《はかい》したり、重要《じゅうよう》なデータを勝手に外部に送信《そうしん》したりする、悪意で作られたプログラムのことなんだ。コンピューターウイルスは、Eメールやネットワークを利用して、自分自身《じしん》を他のパソコンにコピーしようとするんだ。その様子はまさに、ウイルスが伝染《でんせん》する様子にそっくりなんだよ。

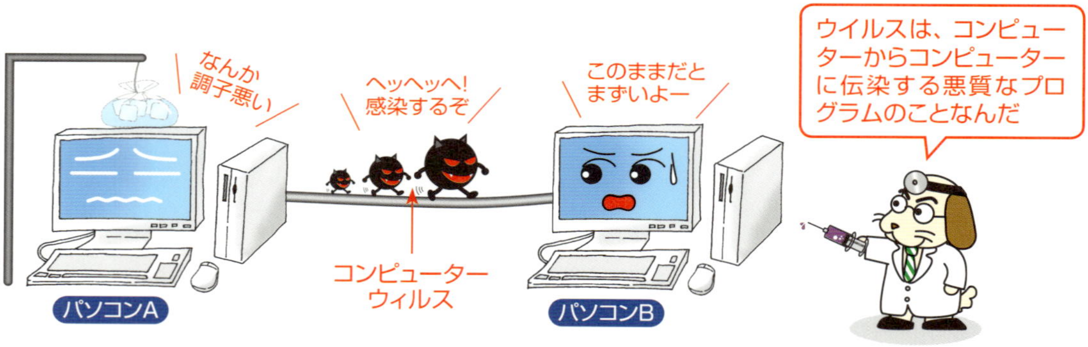
なんか調子悪い
ヘッヘッヘ！感染するぞ
このままだとまずいよー
ウイルスは、コンピューターからコンピューターに伝染する悪質なプログラムのことなんだ
コンピューターウィルス
パソコンA
パソコンB

コンピューターウイルスに感染《かんせん》しない方法《ほうほう》はないの？

残念《ざんねん》ながら、インターネットを利用していて、絶対《ぜったい》に感染《かんせん》しないという方法《ほうほう》はないんだ。ただし、予防《よぼう》する方法《ほうほう》はいくつかあって、個人《こじん》で予防《よぼう》する場合は、セキュリティソフトをパソコンに導入《どうにゅう》しておくのが一番簡単《かんたん》で効果的な予防策《よぼうさく》なんだ。セキュリティソフトとは、その名の通り、パソコン内のウイルスを探し出して駆除してくれたり、感染を未然に防いでくれるソフトのことだよ。シマンテック《Symantec》社の「ノートン」やトレンドマイクロ《Trendmicro》社の「ウイルスバスター」などが有名だよ。

インターネットをすると個人情報《こじんじょうほう》が漏《も》れるって本当?

普段《ふだん》の生活の中でも、懸賞《けんしょう》に応募《おうぼ》したりアンケートに答えたりするときに、住所や電話番号を書き込《こ》むことがあるよね。インターネット上でも同じように、オンラインショッピングなどで個人《こじん》の情報《じょうほう》をやり取りするときがあるんだ。このときに書き込《こ》んだ情報《じょうほう》が、不正《ふせい》に売買《ばいばい》されることがあるんだよ。個人情報《こじんじょうほう》を教えるときは、信頼《しんらい》できる相手かどうかの判断《はんだん》が重要《じゅうよう》なんだ。

まずは100人分の住所でございます
そちも悪よのう
インターネット上での情報が不正で取り引きされることがあるんだ
御用

第三者《だいさんしゃ》にインターネットでパソコンを操作《そうさ》されることはないの?

結論《けつろん》からいうと、インターネットに接続《せつぞく》している間は、それなりの知識《ちしき》があれば第三者《だいさんしゃ》が回線《かいせん》を利用してパソコンのデータをいじることが可能《かのう》なんだ。ちょうど、錠前《じょうまえ》の仕組《しく》みを熟知《じゅくち》していれば正しい鍵《かぎ》がなくても錠前《じょうまえ》を開けられるのと似《に》ているよ。心配なら、セキュリティソフトを導入《どうにゅう》しておくといいよ。

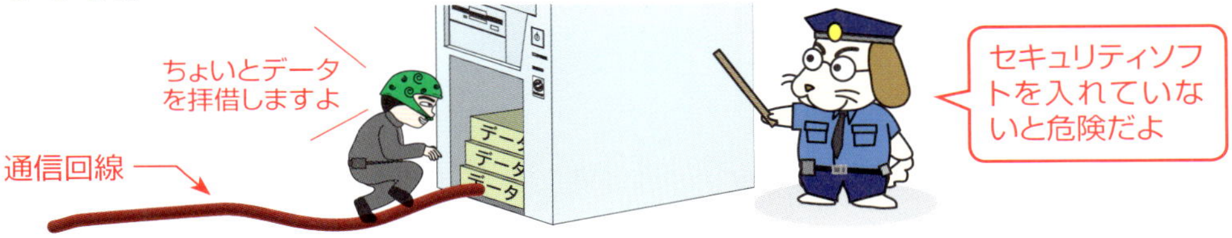
ちょいとデータを拝借しますよ
通信回線
データ
セキュリティソフトを入れていないと危険だよ

見ず知らずの人からEメールが何通も届《とど》くらしいけど、どうしてなの?

コンピューターを使って英単語や数字などを無作為《むさくい》に組み合わせ、それをメールアドレスとして片《かた》っ端《ぱし》から送信《そうしん》しているんだ。その他にも、他人のメールアドレスを集めて不正《ふせい》に売買する人が、迷惑《めいわく》メールの元凶《げんきょう》である場合もあるんだ。これらのEメールは「迷惑《めいわく》メール」と呼《よ》ばれているんだよ。あまりにも迷惑《めいわく》メールが多い場合は、プロバイダに相談《そうだん》してみてもいいかもしれないね。

質問30 インターネットを使ったサービスについて

他にもインターネットを使って何ができるの?

スマホや腕時計型《うでどけいがた》などの小型端末《こがたたんまつ》の普及《ふきゅう》によって、以前《いぜん》に比《くら》べてますます個人《こじん》とインターネットが密着《みっちゃく》し、さまざまなインターネットサービスが普及《ふきゅう》しているよ。たとえば、コンビニや自動販売機《じどうはんばいき》で商品を買うときにスマホで代金を支払《しはら》ったり、AV機器《きき》にもインターネットに接続《せつぞく》できる機能《きのう》が標準《ひょうじゅん》で用意され、音楽や映像《えいぞう》をダイレクトに受信《じゅしん》できるよ。また、家電製品《かでんせいひん》にインターネット機能《きのう》が追加され、外にいながらスマホなどでコントロールすることも可能《かのう》だよ。

ジュース
サイフがなくてもOKよ
ガチャコン

電子マネー

映画をダウンロードしちゃお
ダウンロード中

映像データ受信

こんなことができるんだよ

今後のインターネットの課題《かだい》って何?

インターネット上の犯罪《はんざい》を減《へ》らすための、法的《ほうてき》・技術的《ぎじゅつてき》な整備《せいび》が望《のぞ》まれるよ。コンピューターの知識《ちしき》や技術《ぎじゅつ》がない人は、インターネット上で自分のコンピューターを無防備《むぼうび》にさらしている状態《じょうたい》が多いので危険《きけん》なんだ。また、スマホを使えばインターネットで簡単《かんたん》に情報発信《じょうほうはっしん》ができるために、著作権《ちょさくけん》などの侵害《しんがい》や迷惑行為《めいわくこうい》も起こりやすいんだ。最近では、スマホを使った子供たちのイジメやトラブルも増えているので、犯罪《はんざい》に巻《ま》き込《こ》まれない・犯罪《はんざい》を犯《おか》さないための教育を徹底《てってい》していくことも重要《じゅうよう》なんだ。

第5章

そもそもネット検索って何?

31 質問 「ググる」って何のこと？

友達が「ネットでググってみたら…」とか言ってたんだけど、この「ググる」って一体何？

それはグーグル《Google》の検索《けんさく》サービスを利用して、キーワードでネット上の情報《じょうほう》を探《さが》すことを指すんだ。たとえば、「ルーヴル美術館《びじゅつかん》」というキーワードで検索《けんさく》すると、ルーヴル美術館《びじゅつかん》の公式サイトや地図や口コミ情報《じょうほう》などを見つけることができるんだ。グーグル《Google》での検索《けんさく》があまりに有名になり、ネット検索《けんさく》することを「ググる」という言い方が流行《はや》ったんだね。

Google
ルーヴル美術館
ウェブ　地図　画像　動画　ショッピング　もっと見る▾　検索ツール
約 542,000 件 （0.38 秒）
他のキーワード：ルーブル美術館 写真撮影　ルーブル美術館 ツアー
ルーブル美術館 混雑
ルーヴル美術館の公式ウェブサイト
www.louvre.fr/jp ▾
ルーヴル美術館のロゴ－ルーヴル美術館（フランス、パリ）のウェブサイトの. 30才未満の方 ... 2015年2月21日から6月1日まで国立新美術館東京. 企画展 ... RSS twitterでルーヴルの情報をフォローする ルーヴル美術館の最新情報をFacebookでチェックする.
開館情報と観覧料 - ルーヴル美術館の傑作 - 前売りチケット - 作品の検索
Louvre Museum
www.louvre.fr/ - このページを訳す
4.6 ★★★★★ Google のクチコミ（1,381）・レビューを書く
75001 Paris, フランス
+33 1 40 20 50 50
ルーヴル美術館展 日常を描く―風俗画にみるヨーロッパ絵
www.nact.jp › 展覧会 › 企画展 ▾
この度、パリのルーヴル美術館のコレクションから厳選された83点を通して、16 世から19 世紀半ばまでのヨーロッパ風俗画の展開をたどる「ルーヴル美術館展 日常を描く―風俗画にみるヨーロッパ絵画の真髄」を開催いたします。「風俗画」とは、人日常 ...
LOUVRE
Palais Royal - Musée du Louvre
プラミッド・ド・ルーブル
Pyramide du Louvre
Louvre - Rivoli
ジョルジュ・ポンピドー道路
ルーヴル美術館
ルーヴルびじゅつかん
フランス パリの美術館
経路案内　レビューを書く
ルーヴル美術館は、パリにあるフランスの国立美術館。世界最大級の美術館であるとともに世界最大級の史跡のひとつで、パリ中心部1区のセーヌ川の右岸に位置する。収蔵品380,000点以上。先史時代から19世紀までの様々な
え？ こんなにたくさんの情報が瞬時に出てくるんだ
「ルーヴル美術館」で検索
ネット上から「ルーヴル美術館」というキーワードを含む情報サイトを見つけ出してくれるんだよ

この便利《べんり》な検索《けんさく》サービスはいつからあったの？

1994に米スタンフォード大学の学生2人がネット上の興味深《きょうみぶか》いサイトを探《さが》し出すサービスを開始した「ヤフー《Yahoo!》」が検索《けんさく》サービスの始まりなんだ。

1996年以降《いこう》は膨大《ぼうだい》なネット情報《じょうほう》の検索能力《けんさくのうりょく》に優《すぐ》れたグーグル《Google》が台頭《たいとう》してきたんだ。今では「Yahoo!《ヤフー》」「BIGLOBE《ビッグローブ》」「Excite《エキサイト》」「Infoseek《インフォシーク》」「goo《グー》」など、大手検索《おおてけんさく》サイトの多くはグーグル《Google》と提携《ていけい》し、グーグル《Google》の検索結果《けんさくけっか》を元に表示《ひょうじ》しているんだ。

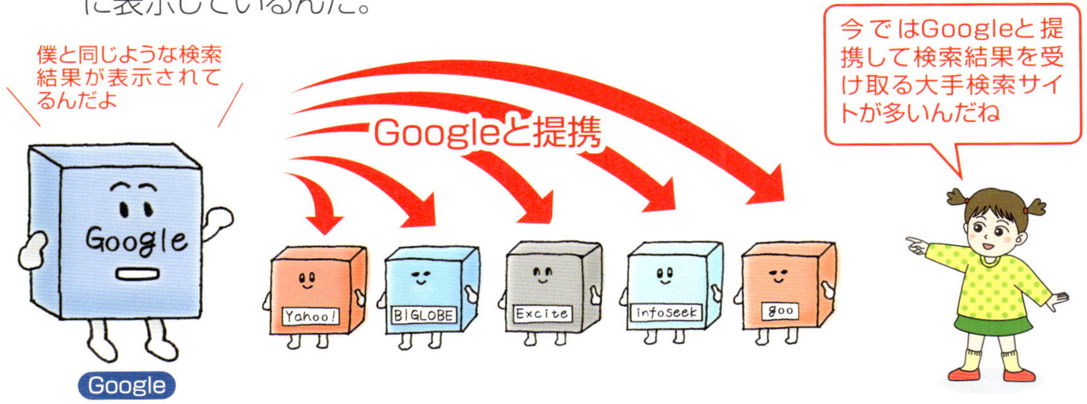
僕と同じような検索結果が表示されてるんだよ
Googleと提携
今ではGoogleと提携して検索結果を受け取る大手検索サイトが多いんだね
Google
Yahoo!
BIGLOBE
Excite
infoseek
goo
Google

どうしてグーグル《Google》は世界中の情報《じょうほう》をたくさん知っているの？

グーグル《Google》は世界中に1万台以上《いじょう》のサーバー(専用《せんよう》コンピューター)を持っていて、検索《けんさく》ロボット(自動プログラム)が自動的《てき》に各国《かっこく》のネット情報《じょうほう》を常《つね》に集めて回っているんだ。検索《けんさく》ロボットは集めた情報《じょうほう》のありかをサーバーに蓄積《ちくせき》する仕事をしてるんだ。

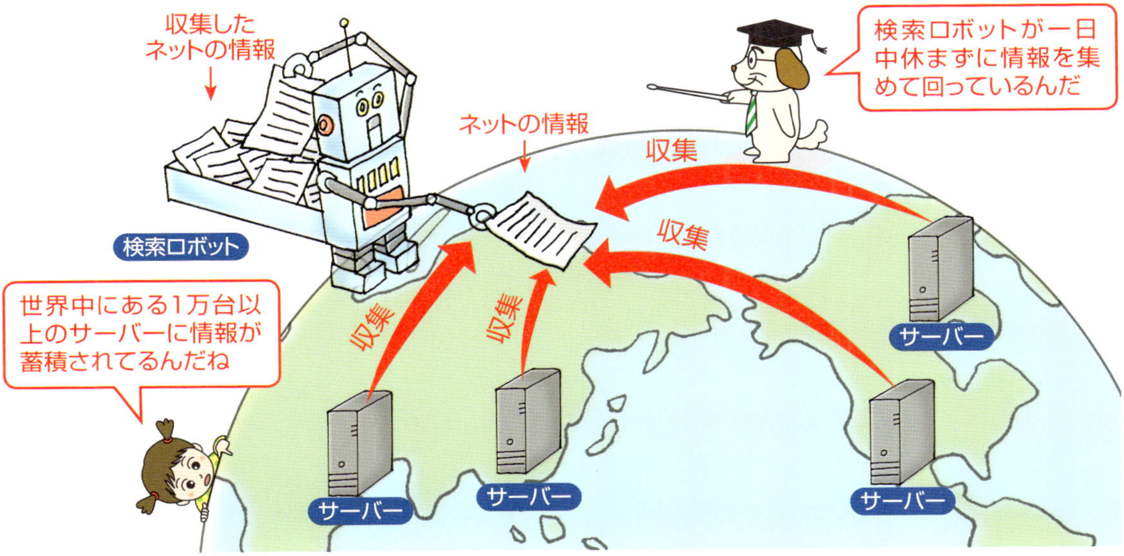
収集したネットの情報
ネットの情報
検索ロボットが一日中休まずに情報を集めて回っているんだ
検索ロボット
収集
収集
収集
収集
世界中にある1万台以上のサーバーに情報が蓄積されてるんだね
サーバー
サーバー
サーバー
サーバー

そんなすごいグーグル《Google》だけど、私達はグーグル《Google》にお金を払《はら》ってないよね。どうやって運営《うんえい》しているの?

たしかにグーグル《Google》は検索《けんさく》だけでなく、メールや動画などいろいろなサービスも全部無料《むりょう》だよね。実はグーグル《Google》の収益《しゅうえき》の柱はアドワーズ《AdWords》と呼《よ》ばれるオンライン広告《こうこく》から得《え》ているんだ。たとえば「圧力鍋《あつりょくなべ》」というキーワードで検索《けんさく》すると、先頭や右側《がわ》の広告枠《こうこくわく》にアドワーズ広告《こうこく》が表示《ひょうじ》されるよ。ここに掲載《けいさい》された広告《こうこく》をクリックすると、広告主《こうこくぬし》はグーグル《Google》にお金を払《はら》う仕組《しく》みになってるんだよ。

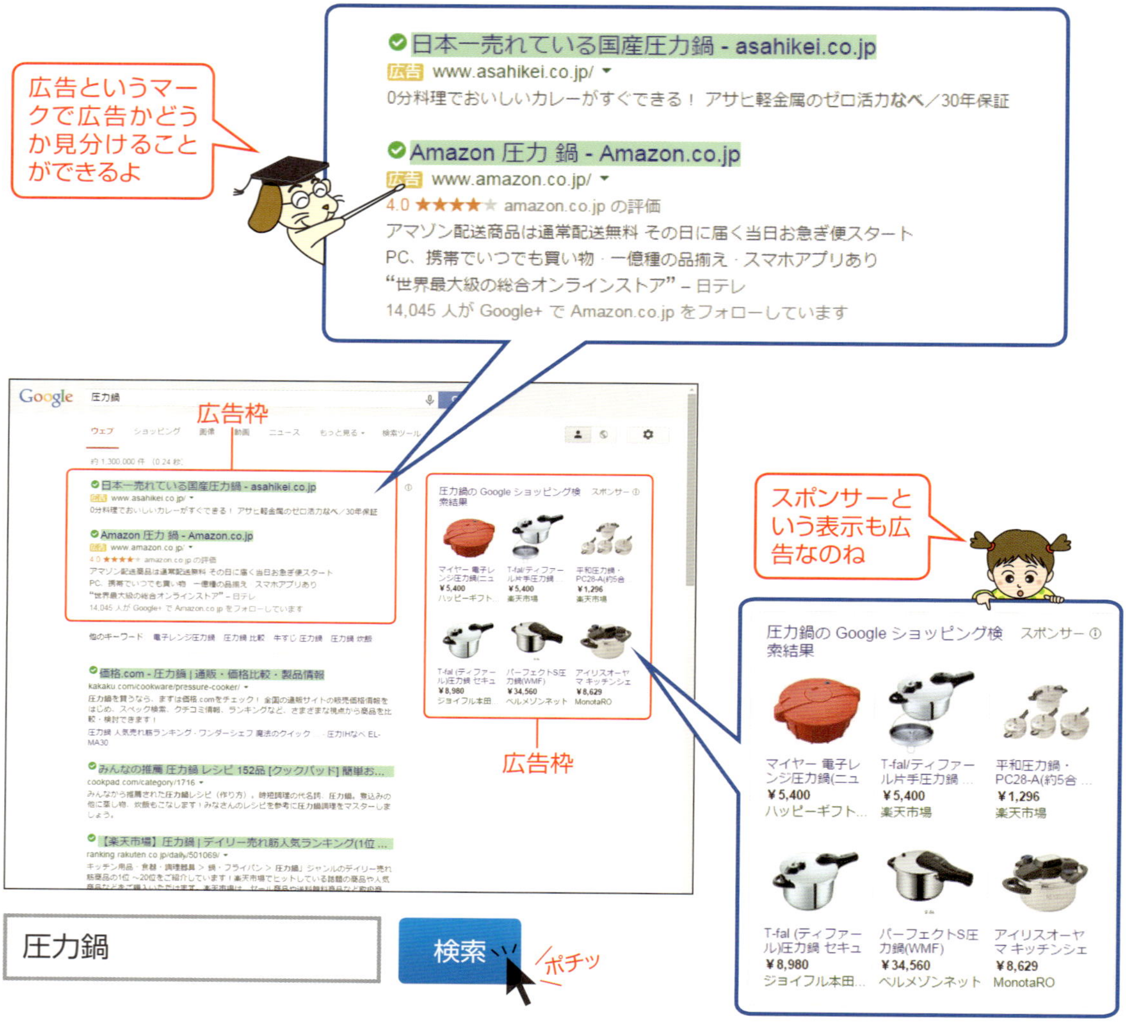

検索《けんさく》すると何ページも検索結果《けんさくけっか》が表示《ひょうじ》されるよね。最初《さいしょ》のページの、しかも上の方に表示《ひょうじ》された方がみんなに見てもらえるから有利《ゆうり》だよ。どうやって表示《ひょうじ》の順番《じゅんばん》を決めているの?

広告《こうこく》はお金を払《はら》っているから上位に表示《ひょうじ》されるけど、他の検索結果《けんさくけっか》はグーグル独自《どくじ》の判断基準《はんだんきじゅん》で情報《じょうほう》に「ページランク」という重みのちがいを数字で管理《かんり》してるんだ。たとえば、ななちゃんが「ルーヴル美術館《びじゅつかん》」というタイトルのホームページを開設《かいせつ》しても、本物のルーヴル美術館《びじゅつかん》の公式サイトより上に表示《ひょうじ》されるのは難《むずか》しいよ。

それはなぜ?

ルーヴル美術館《びじゅつかん》の公式サイトは、サイトの内容《ないよう》、サイトの構造《こうぞう》、他のサイトからの参照《さんしょう》(リンク)、アクセス数などから、総合的《そうごうてき》にページランクは高く設定《せってい》されるんだ。

アクセス数が多ければ、上位に表示《ひょうじ》されるの?

昔は、たしかにアクセス数が多ければ上位に表示《ひょうじ》されていたけど、そのことを悪用した人が増えてしまって意図《いと》しない検索結果《けんさくけっか》になってしまったんだ。そこでグーグル《Google》は、ユーザーにとって本当に価値《かち》のあるサイトが上位にくるように、ページランクの算定方法《さんていほうほう》を定期的《ていきてき》に見直しているんだよ。

Google
ルーヴル美術館
検索
ルーヴル美術館の公式サイト
ルーヴル美術館 -TV 特集 -
ルーヴル美術館　チケット販売
公式サイト
上位のサイトには上にくる理由があるんですね
検索上位のサイト
●ユーザーにとって価値のあるサイトである
●他のサイトをコピーしただけの内容ではない
●単なるリンク集のようなサイトではない
コンテンツの質が求められているんだよ
ルーヴル美術館公式サイト

質問32 もっと得《とく》する検索《けんさく》の使い方はある?

ネット上にはたくさんの情報《じょうほう》があふれているから、目的の情報《じょうほう》にたどり着くのは、なかなか大変《たいへん》だなー。

そうなんだ。検索《けんさく》のやり方ひとつで結果《けっか》もかなりちがうんだ。ここでななちゃんに知っておくと便利《べんり》な検索技《けんさくわざ》をいくつか教えておくよ。

キーワードを含むサイトを表示する基本技

京都
検索
「京都」という名前を含むサイトが表示されるよ

複数のキーワードを含むサイトを表示する技

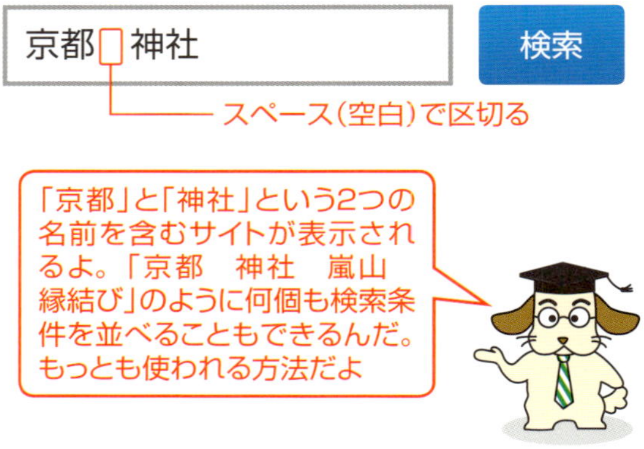
京都 神社
検索
スペース(空白)で区切る
「京都」と「神社」という2つの名前を含むサイトが表示されるよ。「京都　神社　嵐山　縁結び」のように何個も検索条件を並べることもできるんだ。もっとも使われる方法だよ

AまたはBという検索範囲を広げる技

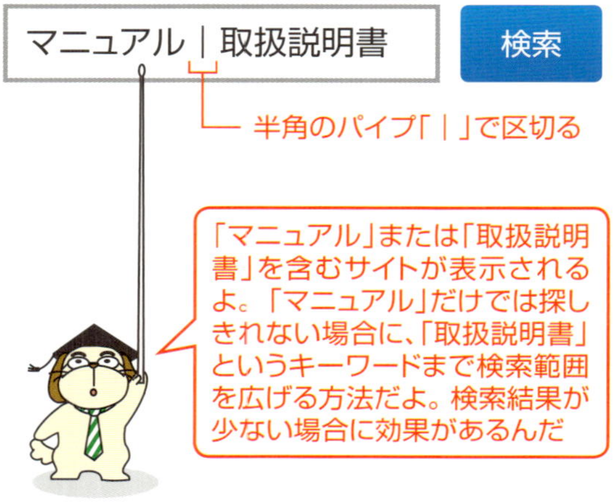
マニュアル｜取扱説明書
検索
半角のパイプ「｜」で区切る
「マニュアル」または「取扱説明書」を含むサイトが表示されるよ。「マニュアル」だけでは探しきれない場合に、「取扱説明書」というキーワードまで検索範囲を広げる方法だよ。検索結果が少ない場合に効果があるんだ

特定の言葉を含まないサイトを表示する技

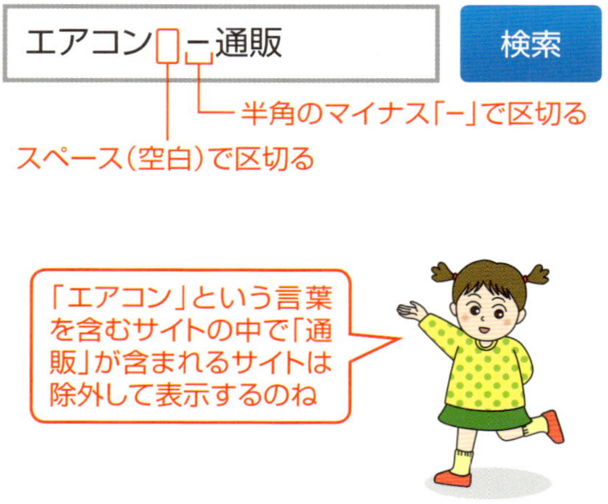
エアコン -通販
検索
半角のマイナス「-」で区切る
スペース(空白)で区切る
「エアコン」という言葉を含むサイトの中で「通販」が含まれるサイトは除外して表示するのね

言葉の一部分しか思い出せないキーワードで検索する技

一石*鳥
検索
半角のアスタリスク「*」で区切る
「一石」と「鳥」の間に何かが入っている言葉をすべて検索するよ。「*」は一文字だけでなく「一石無限鳥」「一石350鳥」などの複数個の言葉があったとしても見つけ出してくるんだ

「ナイヤガラの滝《たき》」の画像《がぞう》を見てみたいんだけど、画像《がぞう》を検索《けんさく》できるといいな?

それなら検索《けんさく》キーワードに「ナイヤガラの滝《たき》」と入力してから、グーグル《Google》サイトの「画像《がぞう》」をクリックすると、画像《がぞう》を見ることができるよ。

Google
ナイヤガラの滝
ウェブ 地図 画像 動画 ニュース もっと見る 検索ツール
約 529,000 件 (0.37 秒)
次の検索結果を表示しています: ナイアガラの滝
元の検索キーワード: ナイヤガラの滝
ナイアガラの滝と入力してから「画像」をクリックすると画像が検索されるよ
検索
わお、画像も検索できるんだ!!
Google
ナイアガラの滝
ウェブ 地図 画像 動画 ニュース もっと見る 検索ツール
セーフサーチ

はかせ、「画像《がぞう》」をクリックしたらナイヤガラの滝《たき》が見られるなんて素晴《すば》らしいですね! 他にも何か面白い検索《けんさく》はできるの?

画面の上部には「動画」「地図」などあるよね。そこをクリックすることで、ナイヤガラの滝《たき》の動画や所在地《しょざいち》の地図を表示《ひょうじ》することもできるんだ。今やグーグル《Google》のサービスはすごいところまできているよね!

◆「地図」で検索した結果

地図は航空写真モードで表示することもできるよ!

◆「動画」で検索した結果

すごいなー! 地図やビデオまで検索して見ることができるなんて!

33 質問 検索《けんさく》という危険《きけん》な落とし穴について

ネット検索《けんさく》って便利《べんり》すぎて何時間も遊べそうですね!

でも気を付けなくてはダメだよ。検索《けんさく》してたどり着くサイトが正しい情報《じょうほう》か、ウイルスに感染《かんせん》させるための悪意のサイトかどうかなどは、グーグル社に監督責任《かんとくせきにん》はないんだ。単《たん》にネット上にあふれている情報《じょうほう》を提供《ていきょう》するだけが検索《けんさく》サイトだってことを忘《わす》れないで!

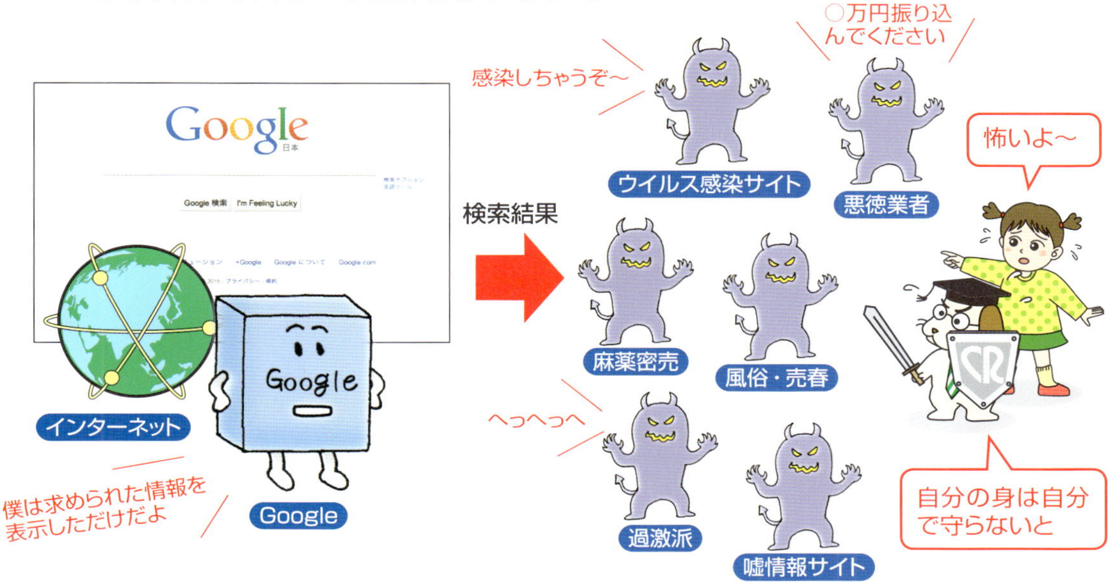

Google
日本
Google 検索
I'm Feeling Lucky
+Google
Google について
Google.com
インターネット
Google
Google
僕は求められた情報を
表示しただけだよ
検索結果
感染しちゃうぞ〜
○万円振り込
んでください
ウイルス感染サイト
悪徳業者
怖いよ〜
麻薬密売
風俗・売春
へっへっへ
過激派
嘘情報サイト
自分の身は自分
で守らないと

どうして悪い人たちもインターネットを使っているのかな。逮捕《たいほ》すればいいのに。

日本でも警察《けいさつ》がサイバーパトロールをして、取り締《し》まっているんだ。だけど、ネットは世界につながっているから、発信元《はっしんもと》を特定《とくてい》するのは困難《こんなん》なのが現状《げんじょう》なんだよ。ネットは未成年《みせいねん》でも、あらゆる情報《じょうほう》にアクセスできる反面、爆弾製造《ばくだんせいぞう》や麻薬売買《まやくばいばい》や売春《ばいしゅん》や過激派《かげきは》など、反社会勢力《はんしゃかいせいりょく》との接点《せってん》を持ってしまう危険性《きけんせい》があるね。節度《せつど》をもって使わないと、ななちゃんを信用《しんよう》してインターネットを使わせてくれるご両親《りょうしん》の信頼《しんらい》を裏切《うらぎ》ることになるんだ。

何だか怖《こわ》いね。そういうサイトを見なければ大丈夫《だいじょうぶ》でしょ。

そうだね。でも普通《ふつう》のアイドル情報《じょうほう》や儲《もう》け話のサイトでおびき寄《よ》せて、パスワード情報《じょうほう》を盗《ぬす》んだり、パソコンやスマホをウイルスに感染《かんせん》させる悪いサイトもあるんだ。パソコンやスマホはウイルス対策《たいさく》ソフトでしっかりガードしないと危《あぶ》ないね。

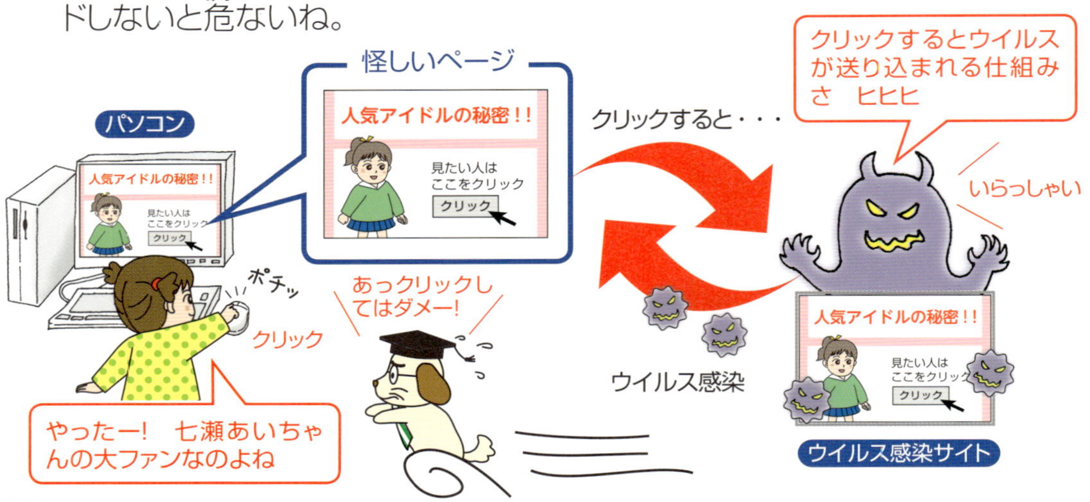
怪しいページ
パソコン
人気アイドルの秘密！！
見たい人は
ここをクリック
クリック
ポチッ
クリック
あっクリックしてはダメー!
やったー!　七瀬あいちゃんの大ファンなのよね
クリックすると・・・
クリックするとウイルスが送り込まれる仕組みさ　ヒヒヒ
いらっしゃい
ウイルス感染
人気アイドルの秘密！！
見たい人は
ここをクリック
クリック
ウイルス感染サイト

他には気を付けることはある?

ななちゃんがブログやツイッターに投稿《とうこう》する画像《がぞう》や文章は、グーグル《Google》などの検索《けんさく》ロボットにデータ収集《しゅうしゅう》されてサーバーに蓄積《ちくせき》されていることを忘《わす》れないで。住所や名前を特定《とくてい》されて警察沙汰《けいさつざた》になった事件《じけん》もたくさんあるんだ。自分や友人のプライバシーに関わる情報《じょうほう》はネットに載《の》せないということが、身を守るために大切なことだよ!

はーい。

パソコン
Twitterの投稿画面
修学旅行でパジャマパーティーをしたときの写真だよ!
投稿をしよう
友人
楽しそうだね
学校の先生
未来のフィアンセ
悪い人
悪用しよう
近所のおじさん
投稿する画像や文書は実は大勢の人が見ているよ

第6章

そもそもEメールって何?

質問34 Eメールの生い立ちを知る

そもそも「Eメール」って何なの?

インターネットを使ってやり取りをする電子の手紙のことを、Eメールというんだ。「Eメール」の「E」は「Electronic《エレクトロニック》(=電子)」の「E」のことなんだよ。「電子メール」「インターネットメール」「メール」と呼《よ》ぶ人もいるけれど、どれも同じ意味なんだよ。

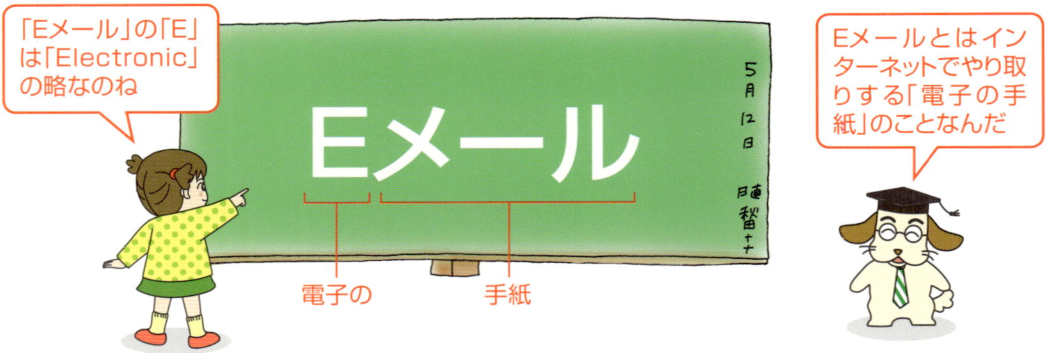
「Eメール」の「E」は「Electronic」の略なのね
Eメール
5月12日
日直
電子の
手紙
Eメールとはインターネットでやり取りする「電子の手紙」のことなんだ

Eメールが生まれたのはいつなの?

1971年にアメリカで開発されたメッセージをやり取りするプログラムが初《はじ》めてのEメールソフトといわれているんだ。この後、インターネットの発達《はったつ》に合わせてだんだんと現在《げんざい》のEメールの形に近づいていったんだよ。

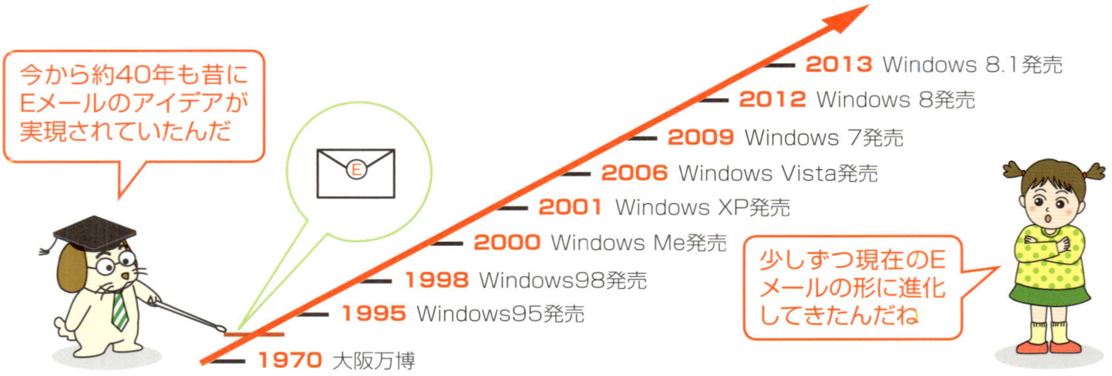
今から約40年も昔にEメールのアイデアが実現されていたんだ
E
2013 Windows 8.1発売
2012 Windows 8発売
2009 Windows 7発売
2006 Windows Vista発売
2001 Windows XP発売
2000 Windows Me発売
1998 Windows98発売
1995 Windows95発売
1970 大阪万博
少しずつ現在のEメールの形に進化してきたんだね

Eメールが普及《ふきゅう》し始めたのはいつごろなの?

すでに1980年代には、パソコン通信《つうしん》(会員向けのネットワーク)でのみ利用できるEメールが存在《そんざい》したんだ。ただし、このEメールは今のEメールとちがい、会員同士《どうし》でしかやり取りできなかったんだ。その後1990年代に入ってインターネットが一般《いっぱん》に利用できるようになり、1995年に発売されたウィンドウズ《Windows》95の登場で、Eメールの利用者は爆発的《ばくはつてき》に増えていったんだよ。

1980年代のパソコン
パソコン通信のサービスの1つとして電子メールが使われ始めたんですね
ピーガガガー
その後、1990年代の後半から爆発的なEメールの普及が始まったんだ

なんでEメールがこんなに普及《ふきゅう》したの?

今ではパソコンやスマホでEメールを使うことは一般的《いっぱんてき》だけど、当時は、Eメールが電話や郵便《ゆうびん》に匹敵《ひってき》する情報《じょうほう》を伝《つた》えるための革命的《かくめいてき》な道具として使われたからだよ。郵便《ゆうびん》よりも速く、電話のように相手と時間を合わせる必要《ひつよう》がないという特徴《とくちょう》がEメールにはあるんだ。

ななちゃんにメールを送ろう
あっ、たかこちゃんからメールがきてる!
好きな時間に読めることと、一瞬で届く便利さが人気のもとだよ
たかこちゃん
ななちゃん

質問35 Eメールでできること

Eメールを使うとどんなことができるの?

Eメールでは、主に「手紙のやり取り」「ファイルの送信《そうしん》」「メーリングリスト」「メールマガジン」をすることができるんだ。

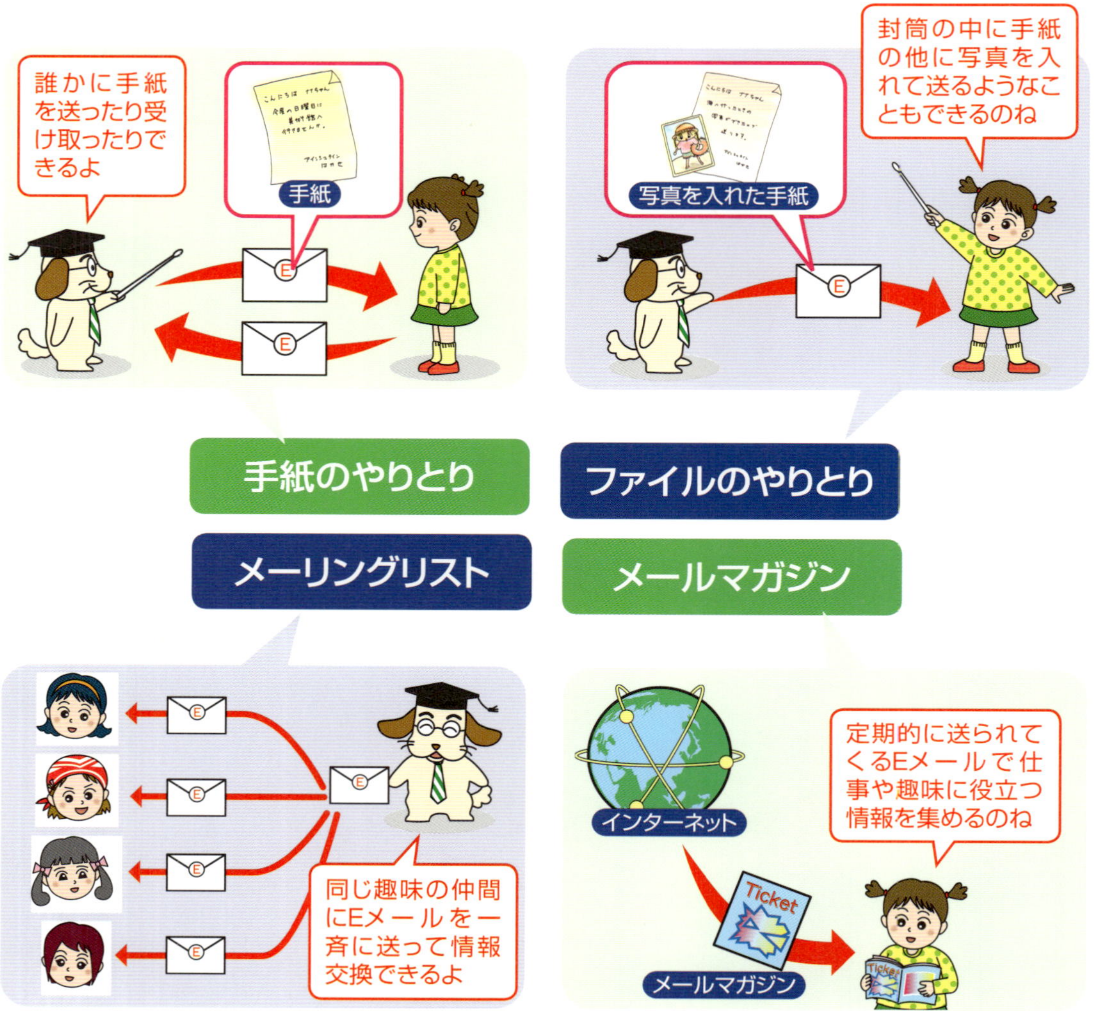
誰かに手紙を送ったり受け取ったりできるよ
手紙
写真を入れた手紙
封筒の中に手紙の他に写真を入れて送るようなこともできるのね
手紙のやりとり
ファイルのやりとり
メーリングリスト
メールマガジン
同じ趣味の仲間にEメールを一斉に送って情報交換できるよ
インターネット
Ticket
メールマガジン
定期的に送られてくるEメールで仕事や趣味に役立つ情報を集めるのね

外国の人とEメールをやり取りすると、国際《こくさい》電話の料金《りょうきん》とか必要《ひつよう》になるの?

日本のインターネット接続《せつぞく》会社を利用すれば、外国とEメールのやり取りをしても、直接《ちょくせつ》外国に電話をかけるわけではないから、国際《こくさい》電話の料金《りょうきん》はかからないんだ。Eメールを使えば、電話に比《くら》べてかなり安く外国と連絡《れんらく》をとることができるということだね。

郵便だと国際料金がかかる
外国まで送っても特別な料金はかからないんだ
Eメールだと外国でも特別な料金はかからない
外国の友人
ななちゃん

Eメールは「手紙」だから、相手に届《とど》くまで時間がかかるんじゃないの?

普通《ふつう》の郵便《ゆうびん》だと速達《そくたつ》を使っても相手に届《とど》くのが翌日《よくじつ》になっちゃうよね。でも、Eメールは電気信号《しんごう》としてやり取りされるから、送って数分以内《いない》には相手に届《とど》くんだよ。Eメールを使えば、電話のように相手との時間を合わせることなく、最も速く情報《じょうほう》を伝《つた》えられるんだ。

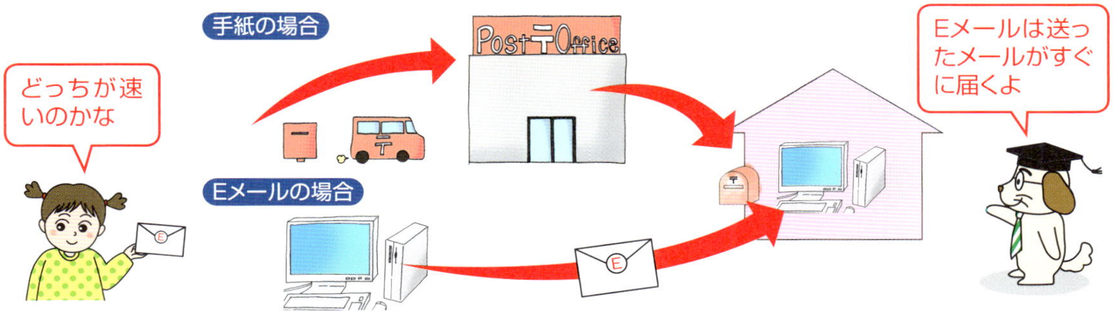
手紙の場合
Post〒Office
どっちが速いのかな
Eメールの場合
Eメールは送ったメールがすぐに届くよ

パソコンで使えるEメールとスマホや携帯《けいたい》電話で使えるEメールはやり取りできないの?

Eメールであれば、パソコンからスマホや携帯《けいたい》電話へ、スマホや携帯《けいたい》電話からパソコンに向けて送ることもできるよ。メールアドレスに「@」マークが入っていることがEメールの目印《めじるし》なんだ。

質問 36 Eメールの知っていそうで実はよく知らない機能

Eメールを使えるようにする設定《せってい》が難《むずか》しすぎる!

確《たし》かにEメールを使えるようにするには、ウィンドウズ《Windows》のインターネット用の設定《せってい》をして、さらにEメール用の設定《せってい》をする必要《ひつよう》があるんだ。この設定《せってい》が、パソコン初心者《しょしんしゃ》の人にとって、Eメールを始めるための大きな壁《かべ》になっていることは事実なんだ。

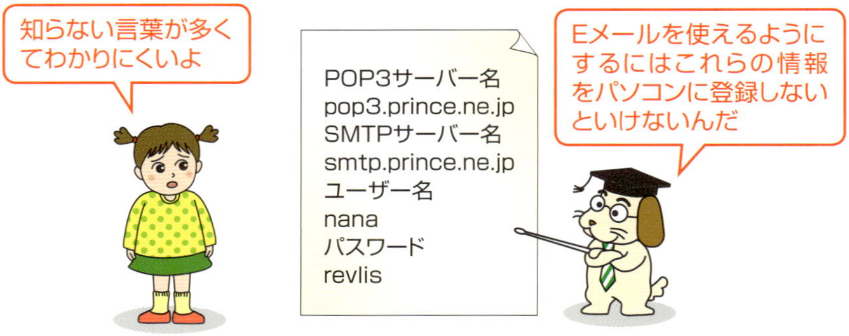
知らない言葉が多くてわかりにくいよ
POP3サーバー名
pop3.prince.ne.jp
SMTPサーバー名
smtp.prince.ne.jp
ユーザー名
nana
パスワード
revlis
Eメールを使えるようにするにはこれらの情報をパソコンに登録しないといけないんだ

記号やアルファベットが組み合わされたメールアドレスがわかりにくい!

Eメールは海外で生まれた技術《ぎじゅつ》だから、相手に送るための住所がアルファベットを使った独特《どくとく》の記号でできていて覚《おぼ》えにくいよね。でも、もともとは「202.196.3.50」のような数字の羅列《られつ》でメールを送る相手の住所を表していたから、ちょっとは覚《おぼ》えやすくなったほうなんだよ。

英字や@なんていう変な記号ばかりでわかりにくいわ
慣れないとメールアドレスを覚えるのは結構難しいんだ
nana@prince.ne.jp

Eメールが相手に届《とど》いたかどうか心配!

Eメールを相手に送っても、それが本当に届《とど》いたかどうかすぐに確認《かくにん》する手段《しゅだん》がEメールには通常《つうじょう》は用意されていないんだ。しかも、届《とど》いても相手が確実《かくじつ》に読んだかどうか確認《かくにん》することもできないんだ。

はかせはちゃんとメールを見てくれたかな
残念ながらEメールでは相手がメールを読んだことを完全に確認する方法はないんだ

「CC《シーシー》」とか「BCC《ビーシーシー》」って何?

パソコン初心者《しょしんしゃ》には、Eメール特有《とくゆう》の略《りゃく》語やカタカナ語が多くて取っつきにくいかもしれないね。しかも、ほとんどの言葉が日本語に訳《やく》されていなくて、英語を略《りゃく》してその頭文字《かしらもじ》を取った状態《じょうたい》の言葉が多いので、その意味がわかりにくくなっているんだ。

E《イー》メール	CC《シーシー》	@《アット》マーク
BCC《ビーシーシー》	POP《ポップ》3	メールアドレス
TO《トゥー》	SMTP《エスエムティーピー》	ニックネーム

意味のわからない略語が多すぎる!

メールソフトの使い方がわかりにくい!

これは、メールソフトがパソコンを始めたばかりの初心者《しょしんしゃ》から、バリバリ使いこなせる上級者まで、さまざまなユーザーを対象《たいしょう》にしてしまっているためなんだ。上級者には便利《べんり》な機能《きのう》もパソコン初心者《しょしんしゃ》にとっては、メールソフトをわかりにくくする原因《げんいん》になっていることが多いんだよ。

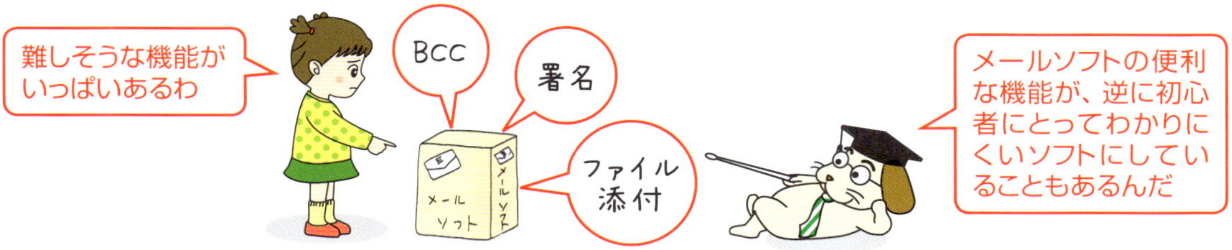
難しそうな機能がいっぱいあるわ
BCC
署名
ファイル添付
メールソフト
メールソフト
メールソフトの便利な機能が、逆に初心者にとってわかりにくいソフトにしていることもあるんだ

37 質問

「メールアドレス」という特別な住所について

メールソフトさえあればすぐにEメールを始められるの？

パソコンでEメールを使い始めるには、インターネットに接続《せつぞく》できる環境《かんきょう》とメールアドレスを用意する必要《ひつよう》があるんだ。パソコン以外にも、これらの準備《じゅんび》をしないとEメールを使い始めることはできないよ。

Eメールを使うには、電話回線・モデム・プロバイダ（インターネット接続会社）との契約が必要だよ
インターネット接続契約書
MODEM

メールアドレスはどこでもらったらいいの？

インターネットの接続《せつぞく》会社（プロバイダ）とインターネットを使うための契約《けいやく》をすると、インターネットの接続《せつぞく》会社からメールアドレスをもらうことができるんだ。このメールアドレスがないと、Eメールを使うことができないからしっかりと覚《おぼ》えておいてね。

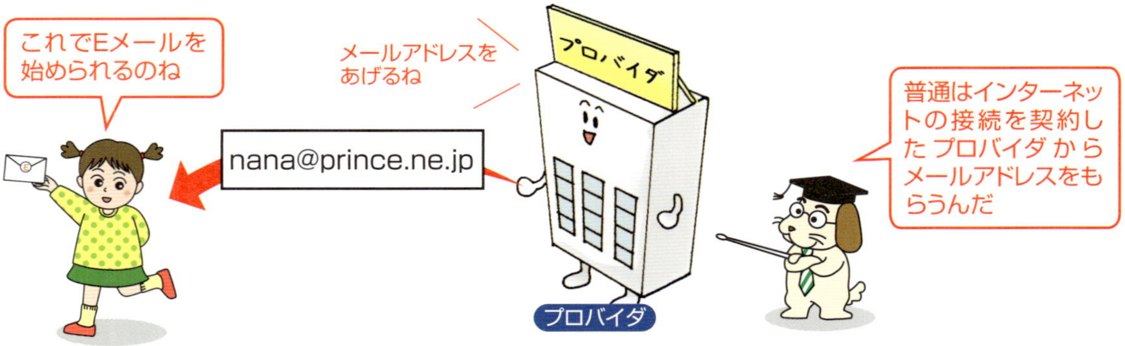

これでEメールを始められるのね
メールアドレスをあげるね
プロバイダ
nana@prince.ne.jp
普通はインターネットの接続を契約したプロバイダからメールアドレスをもらうんだ
プロバイダ

じゃあ、もらったメールアドレスが偶然《ぐうぜん》に世界の誰《だれ》かと同じになってしまうことはないの？

メールアドレスは、各国《かっこく》ごとに同じメールアドレスが生まれないように管理《かんり》している団体《だんたい》があるんだ。日本では、JPNIC《ジェイピーニック》という団体《だんたい》が重複《ちょうふく》するメールアドレスが生まれないように管理《かんり》しているんだ。メールアドレスを発行するインターネットの接続《せつぞく》会社も同じ使用者の名前が生まれないようにしているので、世界の誰《だれ》かと同じになってしまうことはないよ。

nana@crayon.ne.jp
sato@eraser.ac.jp
hakase@c-r.com
red@notebook.gr.jp
yoko@natsume.co.jp
yamada@pencil.or.jp
silver@crayon.ne.jp

JPNIC
日本では「JPNIC」という団体が同じメールアドレスができないように管理しているんだ

メールアドレスってどう読めばいいの？

たとえば、「nana@prince.ne.jp」というメールアドレスは、「ナナ　アットマーク プリンス ドット エヌイー ドット ジェイピー」のように読むんだ。メールアドレスによく使われる記号の読み方は次のようになっているよ。

記号は右の表のような読み方をするんだ

記号	読み方
@	アットマーク
.	ドット

記号	読み方
-	ハイフン
_	アンダーバー

メールアドレスのそれぞれの文字にはどんな意味があるの？

メールアドレスは、次のような法則《ほうそく》で成《な》り立っているんだ。この法則《ほうそく》を使ってメールアドレスを見ると、そのEメールがどこから来たEメールなのかがわかるようになっているんだ。ちょうど電話番号に市外や市内といった法則《ほうそく》で分けられているのと同じような感じなんだ。

使う人1人1人に割り当てられた名前
所属している組織の種類。プロバイダは「ne」が多い
nana@prince.ne.jp
名前と所属先を区切る記号
国名を表す記号。日本の場合は「jp」
所属する組織（会社・学校）やプロバイダ（インターネット接続会社）の名前

38 質問 Eメールの郵便《ゆうびん》局「メールサーバー」について

Eメールを送るにはどこへメールを持っていけばいいの?

Eメールは、ポストの役割《やくわり》をする「送信《そうしん》メールサーバー」というコンピューターを使って送られる仕組《しく》みになっているんだ。Eメールを送るときは、郵便《ゆうびん》をポストに入れて送るように、この送信《そうしん》メールサーバーに送りたいEメールを送信《そうしん》するんだよ。

Eメールを送ります
メールサーバー
まずは、送信メールサーバーにEメールを投函するんだ
ポスト

Eメールの郵便《ゆうびん》局に届《とど》いたメールはどうやって相手先へ運ばれるの?

メールサーバーでは、Eメールに書かれているメールアドレスのことを、隣《とな》り合ったメールサーバーに送り先の住所(メールアドレス)を知っていないか聞いて回るんだ。この方式でメールアドレスを調べて送り先のメールアドレスにメールを届《とど》ける仕組《しく》みになっているんだよ。

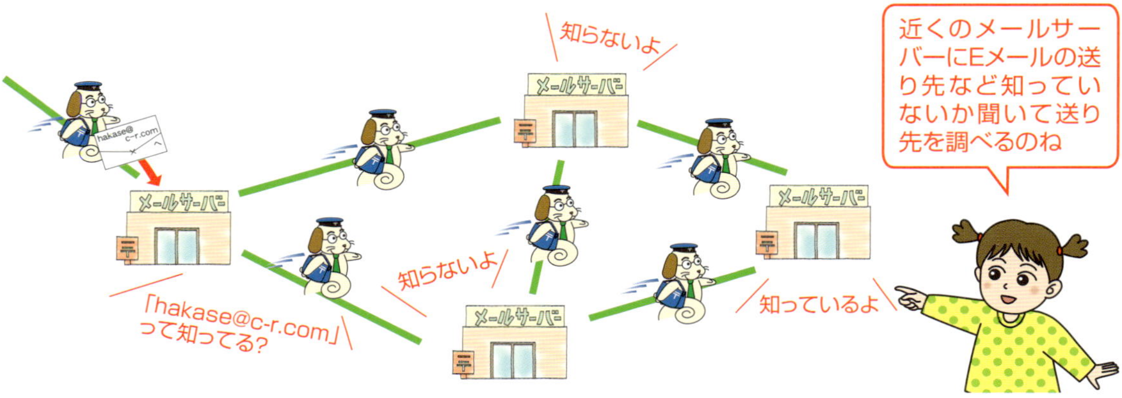

知らないよ
hakase@
c-r.com
メールサーバー
「hakase@c-r.com」って知ってる?
知らないよ
知っているよ
近くのメールサーバーにEメールの送り先など知っていないか聞いて送り先を調べるのね

Eメールを受け取るにはどうしたらいいの?

送られたEメールは、送り先の受信《じゅしん》用のメールサーバーの利用者ごとの私書箱《ししょばこ》に保管《ほかん》されるんだ。Eメールを受け取る人は、この私書箱《ししょばこ》までEメールを受け取りに行くことで自分宛《あて》に届《とど》いたEメールを見ることができるんだ。

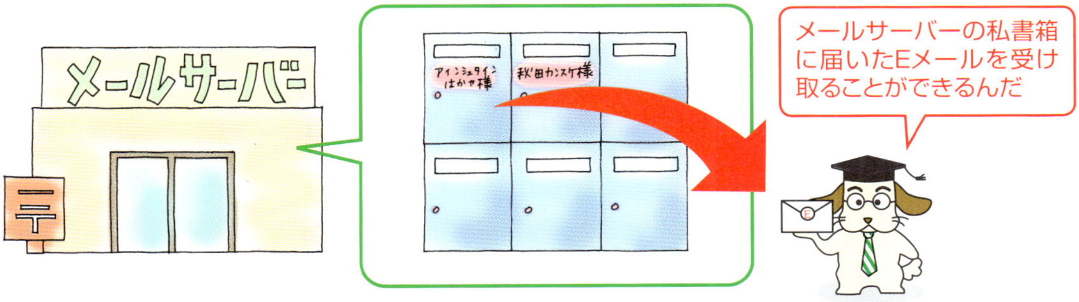
メールサーバー
〒
アインシュタイン はかせ様
秋田カンスケ様
メールサーバーの私書箱に届いたEメールを受け取ることができるんだ

私書箱《ししょばこ》は他の人にのぞかれたりしないの?

この私書箱《ししょばこ》を開けるには、「メールパスワード」という合い言葉が必要《ひつよう》なんだ。この合い言葉は、私書箱《ししょばこ》の持ち主しか知らない私書箱《ししょばこ》を開けるための鍵《かぎ》になっていてEメールの秘密《ひみつ》を守るようになっているんだよ。

合い言葉をどうぞ!
合い言葉は「aki-07e」
Eメールを受け取るには本人しか知らない合い言葉が必要なんだ
私書箱

Eメールアドレスは自由に決めることができるの?

メールアドレスの「@」マークの左側《がわ》の名前を表す部分は、自由に決めることができるけど、他の人と同じ名前を使うことができないため、好きな名前を付けられないことがあるので注意してね。「@」マークよりも右側《がわ》の部分は、プロバイダ(インターネット接続《せつぞく》会社)や組織《そしき》(会社・学校)ごとに決まっているので、この部分を自由に変えることはできないんだ。

質問39 Eメールの危険な落とし穴について

Eメールって安全な道具なんじゃないの?

残念《ざんねん》ながらEメールは絶対《ぜったい》に安全な道具とはいえないんだ。Eメールが原因《げんいん》でパソコンが壊《こわ》れたり、プライバシーに関《かん》する私的《してき》な情報《じょうほう》が漏《も》れたりすることがあるので、注意して使わなければならないんだ。

せっかくだからあちこちにEメールのアドレスを書き込んでおこうっと
ピッピ〜!
むやみにEメールアドレスを書き込むと思わぬトラブルに巻き込まれることがあるよ

Eメールには、どんな危険性《きけんせい》があるの?

受け取ったEメールの中にコンピューターウイルスが混《ま》ざっていたり、知らない人から詐欺《さぎ》まがいの迷惑《めいわく》なEメールが届《とど》いたりすることがあるんだ。このようなEメールは思わぬトラブルを引き起こすから注意してね。

コンピューターウイルス
イ〜ヒッヒッヒ
怪しいメール
ウイルスや詐欺商法からは自分で身を守らなければならないんだ
今だけ!
1万円で100万円のツボが買えるビッグチャンス!
ダイレクトメール
株式会社
院知気
知らない会社

Eメールに混《ま》ざっているコンピューターウイルスって何なの?

コンピューターウイルスは、パソコンを壊《こわ》したり、パソコンに保存《ほぞん》されているファイルを消したりする悪意を持ったプログラムのことなんだ。一度被害《ひがい》が発生すると、Eメールに隠《かく》れて次々とインターネット上のパソコンに伝染《でんせん》していくこともあるんだ。

パソコンが動かなくなっちゃった
インフルエンザのウイルスのように次々とコンピューターを壊していく恐ろしいプログラムなんだ

どうして身に覚《おぼ》えのない相手からメールが届《とど》いたりするの？

インターネット上のホームページには、メールアドレスを記入するとプレゼントに応募《おうぼ》できるところがあったり、ホームページや掲示板《けいじばん》に書かれているメールアドレスを集めてダイレクトメールを送っている会社があるんだ。不用意《ふようい》に書き込《こ》んだメールアドレスがもとでトラブルに巻《ま》き込《こ》まれることがあるので、メールアドレスを人に教えたりするときは気を付けてね。

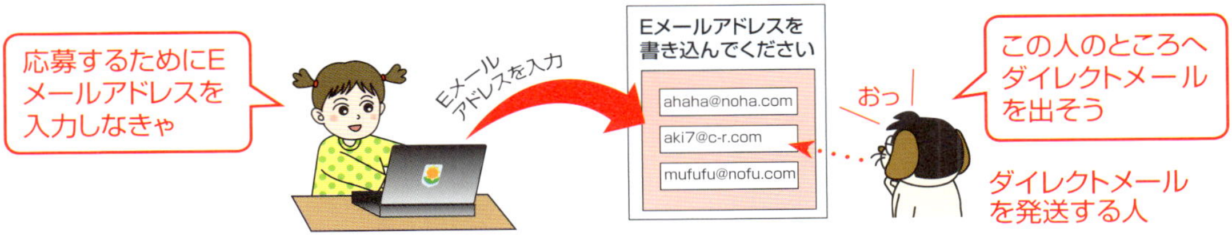
応募するためにEメールアドレスを入力しなきゃ
Eメールアドレスを入力
Eメールアドレスを書き込んでください
ahaha@noha.com
aki7@c-r.com
mufufu@nofu.com
おっ
この人のところへダイレクトメールを出そう
ダイレクトメールを発送する人

Eメールの秘密《ひみつ》って絶対《ぜったい》に守られるの？

インターネットの接続《せつぞく》を行っている接続《せつぞく》会社は、法律的《ほうりつてき》に通信《つうしん》の秘密《ひみつ》を守らなければいけないことになっているので、そこからメールの中身が公開されることはないと思っていいんじゃないかな。けれども、会社や学校でEメールを使っている人は、Eメールの内容《ないよう》が仕事や勉強に相応《ふさわ》しいかチェックされているかもしれないと考えておいた方がいいよ。

E《イー》メールの内容をチェックする人
Eメール
特に会社や学校ではメールの内容が仕事にふさわしいかチェックされていることがあるので気を付けてね

質問40 Eメールができるとなぜ得するのか

Eメールが使えなくても普通《ふつう》の手紙で充分《じゅうぶん》なんじゃないの?

Eメールには、普通《ふつう》の手紙と比《くら》べて「速い」「安い」「手軽」というメリットがあるんだ。しかも、この便利《べんり》な道具は、私たちを時間や距離《きょり》の壁《かべ》から解《と》き放ってくれるんだ。こんな便利《べんり》な道具を仕事や遊びに使わない手はないんじゃないかな。

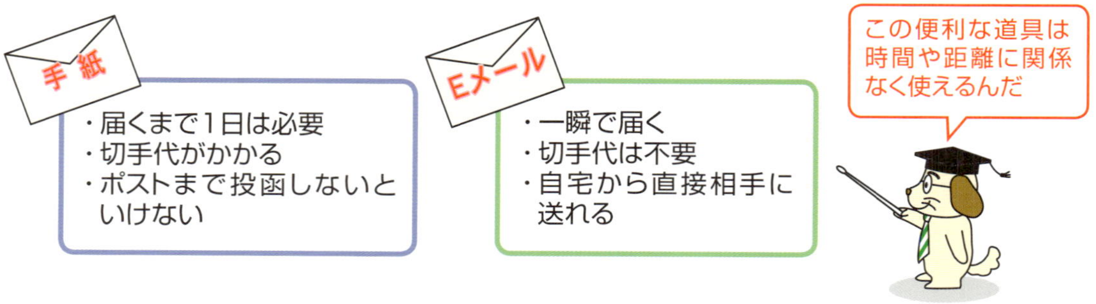

手紙
・届くまで1日は必要
・切手代がかかる
・ポストまで投函しないといけない
Eメール
・一瞬で届く
・切手代は不要
・自宅から直接相手に送れる
この便利な道具は時間や距離に関係なく使えるんだ

用があるなら、電話で話した方が早いんじゃないの?

確《たし》かに、用件を伝《つた》えるときは電話が一番早いね。でも、相手が不在《ふざい》のときだと連絡が取れないよね。Eメールは、時間が合わなくてなかなか電話がつながらない相手に連絡《れんらく》を取るような場合にも活用できる道具なんだ。

いつ電話してもなかなか連絡が取れない
こんなときは…
Eメールなら相手の時間を気にしなくても連絡がとれるのね
忙しい人でも空いた時間に相手の用件を知ることができるんだ
電話の場合
メールの場合

知り合いが誰《だれ》もパソコンを持っていなければ、Eメールってあまり必要《ひつよう》ないと思うんだけど?

以前《いぜん》はEメールは、パソコンがないと使えなかったけれど、携帯《けいたい》電話やスマホの普及《ふきゅう》で、誰《だれ》でも手軽にEメールを利用することができるようになったんだ。今後もEメールを利用する機会《きかい》は増えていくだろうから、Eメールの扱《あつか》いを覚《おぼ》えておいて損《そん》はないよ。

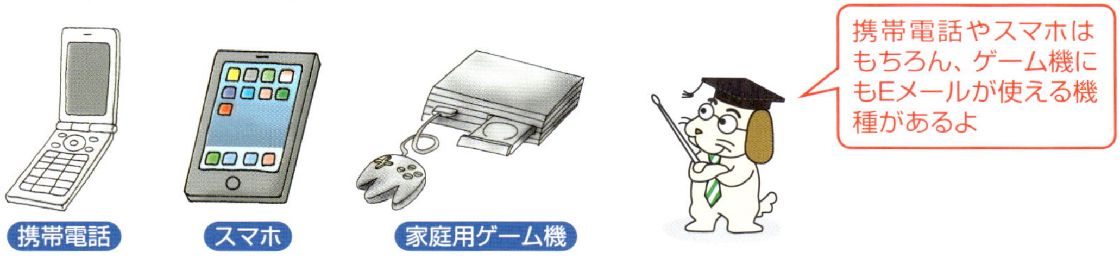
携帯電話
スマホ
家庭用ゲーム機
携帯電話やスマホはもちろん、ゲーム機にもEメールが使える機種があるよ

いくらEメールが便利《べんり》でも、自分の家からしか送れないのは不便《ふべん》じゃないの?

確《たし》かに、デスクトップ型《がた》のパソコンだと簡単《かんたん》には持ち運べないから、自宅からしかEメールを使うことができないね。でもノートパソコンなら持ち運びができるし、携帯《けいたい》電話やスマホなら、どこでもEメールのやり取りができるよね。

スマホとパソコンを組み合わせるとさらに機能性が大幅に向上するよ
外出先でもEメールを使うことができるのね

電話とFAXがあれば充分《じゅうぶん》なんじゃないの?

確《たし》かに普通《ふつう》に生活していく分にはEメールがなくても困《こま》ることはないと思うよ。でも、Eメールは電話と手紙の中間の性質《せいしつ》を持った便利《べんり》な道具なんだ。単《たん》なる「手紙」として使うか、ビジネスチャンスや人脈《じんみゃく》を広げる「情報《じょうほう》の武器《ぶき》」として使うか、考え方1つで無限《むげん》の可能性《かのうせい》を秘《ひ》めているといっていいんじゃないかな。

質問41 Eメールで使う道具の種類《しゅるい》

Eメールを使うにはどんな道具が必要《ひつよう》なの?

Eメールを使うには、メールソフトというソフトを使う必要《ひつよう》があるんだ。メールソフトは、「メールを書く」「メールを送る」「メールを受け取る」「メールを読む」という操作《そうさ》をまとめてできるようにしたソフトなんだ。

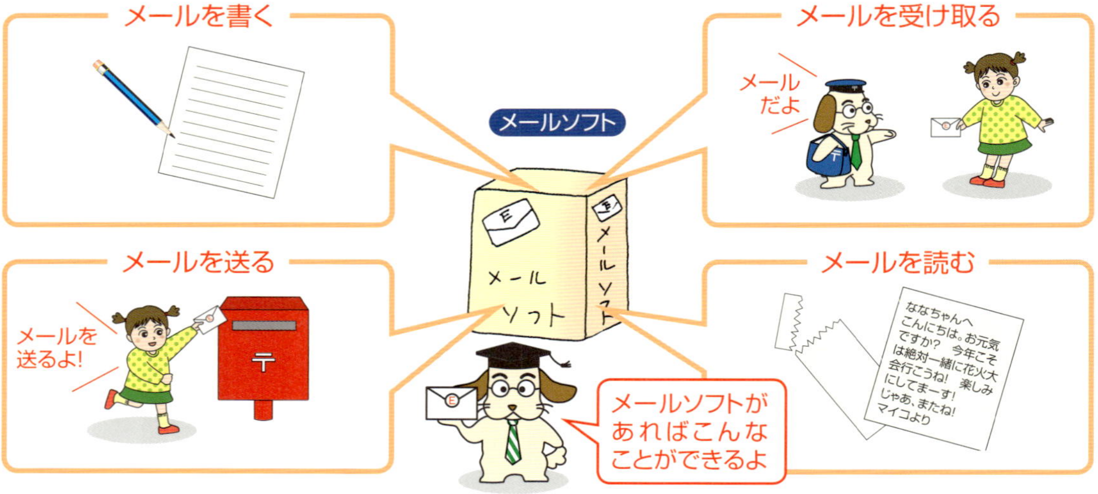

メールソフトはどこで手に入れたらいいの?

ウィンドウズ《Windows》には、あらかじめに「メール」というアプリケーションが標準《ひょうじゅん》で装備《そうび》されているので、お店で買ってきたりしなくてもEメールを始めることができるよ。他にも「Windows Live メール」や「Outlook」などをダウンロードして使うことも可能《かのう》だよ。

他にはどんなメールソフトがあるの?

ウィンドウズ《Windows》で使えるメールソフトは、他にも、「Thunderbird《サンダーバード》」や「Becky! Internet Mail」などが有名だよ。他にも「Gmail」「Yahoo!メール」などの無料《むりょう》のWebメールというのもあるんだ。

第7章

そもそもエクセルって何?

質問42 「表計算」ソフトのはじまり

そもそも「表計算」ソフトって何なの?

表を使った計算や情報《じょうほう》の管理《かんり》が得意《とくい》なソフト(道具)なんだ。商品の代金を計算したり、住所録《じゅうしょろく》のようなたくさんの情報《じょうほう》をわかりやすく整理《せいり》する表を作るのにふさわしいソフトなんだ。

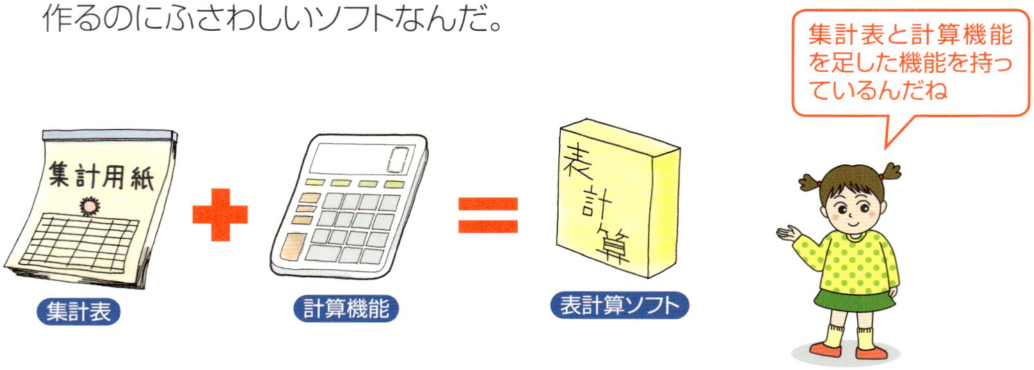
集計表と計算機能を足した機能を持っているんだね
集計用紙
集計表
計算機能
表計算
表計算ソフト

この表計算ソフトは、一体誰《だれ》が発明したの?

1979年にダニエル・ブルックリンというビジネススクールの学生がこのアイデアを思いついたんだ。この人は会社経営《けいえい》についての予測《よそく》を計算する授業《じゅぎょう》を受けているときに決まりきった計算式にいろいろな数値《すうち》を入れて何度も計算していたんだ。この数値《すうち》を入れ替《か》えて何度も計算することをコンピューターで行うことを思いついて表計算ソフトを考え出したんだよ。このアイデアは「ビジカルク《VisiCalc》」という表計算ソフトとして登場したんだ。

このアイディアが表計算ソフト誕生のきっかけだったんですね
計算をコンピューターで行うことを思いついたんだ
1月 2月 3月 4月
A 1001 2010 904 802
B 223 298 365 429
C 465 623 305

じゃあ、そのビジカルク《VisiCalc》が進化してエクセル《Excel》になったの？

ビジカルク《VisiCalc》が登場してしばらくしてLotus《ロータス》1-2-3というソフトが登場して表計算ソフトの市場《しじょう》を奪《うば》ってしまったんだ。その後、ウィンドウズ《Windows》が普及《ふきゅう》し始めると、パソコンにあらかじめマイクロソフト《Microsoft》社のエクセル《Excel》と呼《よ》ばれる表計算ソフトが付属《ふぞく》することが多くなり、Lotus《ロータス》1-2-3に代わってエクセル《Excel》が表計算ソフトの代表選手《せんしゅ》になったんだよ。

電卓《でんたく》で計算することとエクセル《Excel》で計算することとのちがいは何？

計算の途中経過《とちゅうけいか》を確認《かくにん》できたり、修正《しゅうせい》が簡単《かんたん》な点が電卓《でんたく》との大きなちがいなんだ。計算の内容《ないよう》が目で見えるということだね。電卓《でんたく》で計算しているときは計算の途中《とちゅう》で入力をまちがえると最初《さいしょ》からやり直しになってしまうけど、表計算では計算の内容《ないよう》を修正《しゅうせい》することができるんだ。

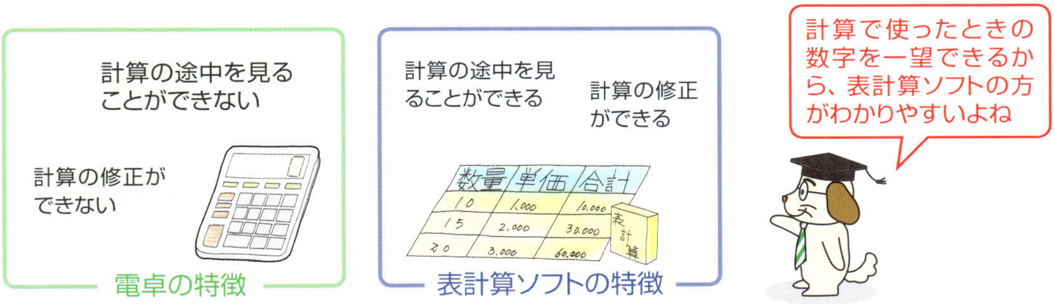
計算の途中を見ることができない
計算の修正ができない
電卓の特徴
計算の途中を見ることができる
計算の修正ができる
数量 単価 合計
10 1,000 10,000
15 2,000 30,000
20 3,000 60,000
表計算
表計算ソフトの特徴
計算で使ったときの数字を一望できるから、表計算ソフトの方がわかりやすいよね

ふ〜ん。要《よう》するに大きな画面が付いている電卓《でんたく》ってことね？

それだけではないんだ。住所録《じゅうしょろく》のようなデータを管理《かんり》したり、未来《みらい》を予測《よそく》する計算をすることもできるんだ。入力したデータを元にして傾向《けいこう》を読み取ったり、いろいろな角度からの分析《ぶんせき》は表計算ソフトの得意《とくい》分野なんだ。

住所録に使える
データから傾向を読みとる
表計算ソフト
角度を変えて分析できる
表計算ソフトは、分析、予測、簡単なデータベースづくりができるんだよ

質問 43 表計算ソフトが得意《とくい》なことと苦手なことについて

表計算ソフトの「エクセル《Excel》」ってどういうことに使うと便利《べんり》なの?

簡単《かんたん》な会計処理《かいけいしょり》や住所録《じゅうしょろく》や電話帳《ちょう》などの作成が得意《とくい》な分野なんだ。今年の売上データを元にして来年の売上データを求《もと》めるようなデータの分析《ぶんせき》や予測《よそく》にも活用できるよ。

売上データ

日付	店名	商品名	売上高
4月01日	渋谷	プーアール茶	¥31,026
4月02日	渋谷	ルイボスティー	¥42,718
4月04日	秋葉原	ルイボスティー	¥29,881
4月06日	銀座	甜茶	¥10,507
4月07日	銀座	杜仲茶	¥15,714
4月07日	新宿	ルイボスティー	¥21,612
4月09日	銀座	どくだみ茶	¥38,086
4月10日	銀座	ルイボスティー	¥32,652
4月10日	秋葉原	グァバ茶	¥64,679
4月12日	池袋	甜茶	¥11,250
4月13日	新宿	グァバ茶	¥46,651
4月15日	秋葉原	甜茶	¥28,078

売上表を作成する

将来の予測やデータの分析もExcelの得意分野だよ

お友達の連絡先もまとめられるのね

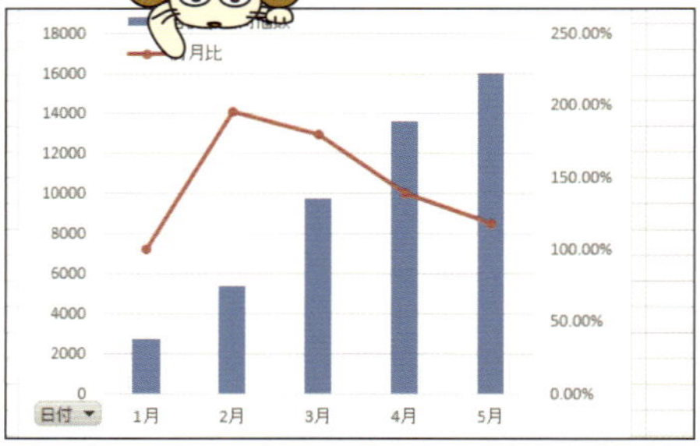

売上の予測をする

エクセルの得意分野

電話帳

氏名	電話番号	携帯電話
箱田　昌平	0798-00-7777	(090)4445-0000
森　昌則	075-333-3333	(090)1333-0000
真壁　和之	028-888-9999	(090)3356-0000
平岡　靖宏	052-666-8888	(090)7986-0000
足立　恭輔	078-777-5555	(090)7996-0000
中村　幹男	095-555-9999	(080)4444-0000
福田　直樹	0761-00-1111	(090)8888-0000
津山　克弘	0489-88-7777	(090)1235-0000
中尾　善隆	011-111-6666	(070)2536-0000
高松　功	0773-77-9999	(090)4567-0000
下村　昌彦	0777-33-1111	(090)6663-0000
原田　恵光	0778-44-0000	(090)3333-0000
杉本　昌也	053-111-3333	(070)3355-0000
中川　博	0744-55-5555	(070)5888-0000

電話帳を作成する

月間予定表 【10月】

月	火	水	木	金	土	日
9/29	9/30	1	2	3	4	5
		全体会議		新システム稼動祝賀パーティ	こ	こ
6	7	8	9	10	11	12
こ	こ	代休	代休			本社運動会
13	14	15	16	17	18	19
基本設計レビュー		全体会議 午後打合せ	親睦会	部内定例会	接待ゴルフ (六甲カントリー)	
20	21	22	23	24	25	26
こ	こ	こ	こ	こ	全体会議 給料日	
27	28	29	30	31	11/1	11/2
打合せ	ビジネスショー司会	ビジネスショー司会		こ	こ	こ

予定表を作成する

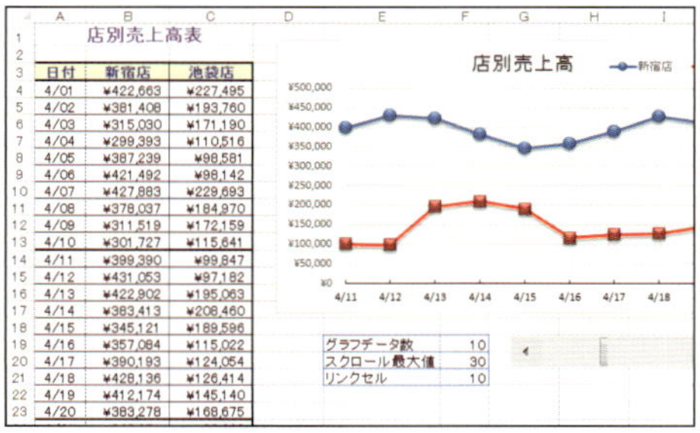

店別売上高表

日付	新宿店	池袋店
4/01	¥422,663	¥227,495
4/02	¥381,408	¥193,760
4/03	¥315,030	¥171,190
4/04	¥299,393	¥110,516
4/05	¥387,239	¥98,581
4/06	¥421,492	¥98,142
4/07	¥427,883	¥229,693
4/08	¥378,037	¥184,970
4/09	¥311,519	¥172,159
4/10	¥301,727	¥115,641
4/11	¥399,390	¥99,847
4/12	¥431,053	¥97,182
4/13	¥422,902	¥195,063
4/14	¥383,413	¥208,460
4/15	¥345,121	¥189,596
4/16	¥357,084	¥115,022
4/17	¥390,193	¥124,054
4/18	¥428,136	¥126,414
4/19	¥412,174	¥145,140
4/20	¥383,278	¥168,675

グラフで分析する

こんな便利《べんり》な「エクセル《Excel》」だけど、苦手なことはあるの?

使い方をまちがえると、表を使った計算ができるというエクセル《Excel》の便利《べんり》な点が、逆《ぎゃく》に使いにくさにつながることがあるんだ。長い文章を入力したり、伝票《でんぴょう》の枚数《まいすう》がどんどん増えていく本格的《ほんかくてき》な会計処理《かいけいしょり》には向かないんだ。

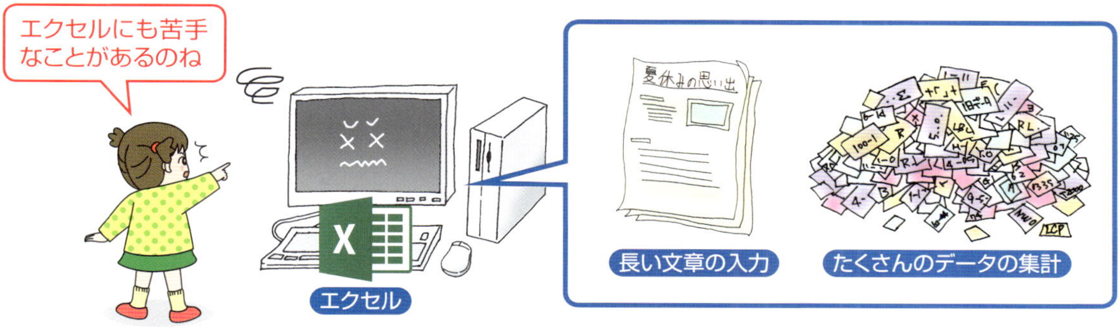
エクセルにも苦手なことがあるのね
夏休みの思い出
長い文章の入力
たくさんのデータの集計
エクセル

「エクセル《Excel》」が苦手なことをパソコンでやるにはどうしたらいいの?

長い文章の入力や通常《つうじょう》の書類《しょるい》の作成には、第8章で解説《かいせつ》する「ワード《Word》」のような文書作成ソフトを使った方が簡単《かんたん》に整《ととの》った文章が作れるんだ。本格的《ほんかくてき》な会計処理《かいけいしょり》や大量《たいりょう》のデータの管理《かんり》は、第9章で解説《かいせつ》する「アクセス《Access》」というデータベースソフトを使った方が、効率的《こうりつてき》にデータを管理《かんり》できるよ。

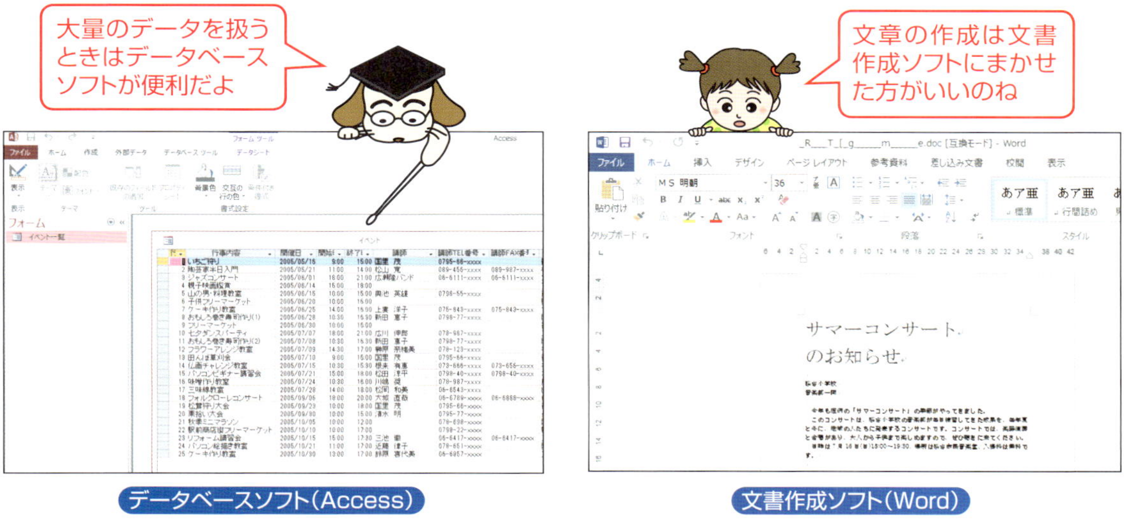
大量のデータを扱うときはデータベースソフトが便利だよ
文章の作成は文書作成ソフトにまかせた方がいいのね
サマーコンサート
のお知らせ
データベースソフト(Access)
文書作成ソフト(Word)

質問 44

「ブック」と呼《よ》ばれる集計用紙について

「エクセル《Excel》」で使う集計用紙はどういう作りになっているの？

エクセル《Excel》を起動すると「ワークシート」と呼《よ》ばれるマス目状《じょう》の集計用紙が表示《ひょうじ》されるんだ。エクセル《Excel》2013を起動した状態《じょうたい》では、1枚のワークシートが表示《ひょうじ》されているんだ。このワークシートをまとめて「ブック」と呼《よ》んでいるんだ。

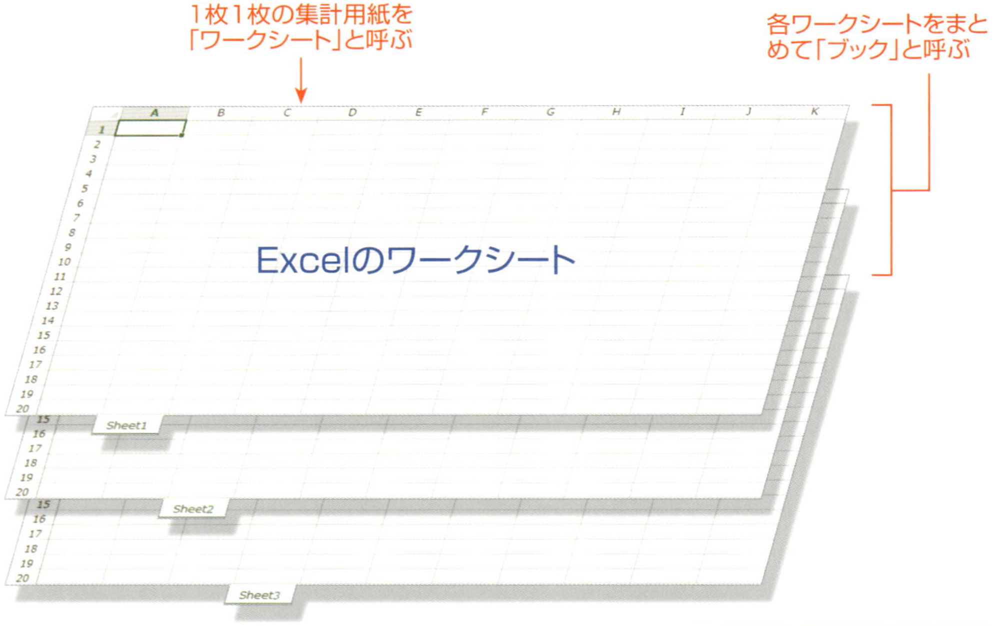
1枚1枚の集計用紙を
「ワークシート」と呼ぶ
各ワークシートをまと
めて「ブック」と呼ぶ
Excelのワークシート
Sheet1
Sheet2
Sheet3

「ワークシート」なんて呼ばないで「集計用紙」とか「計算用紙」って呼べばわかりやすいのにね
いわゆる「本」のような用紙をまとめた構造になっているから「ブック」と呼ぶんだよ
A
B
C

集計用紙は1枚《まい》で足りるんじゃないの?

単純《たんじゅん》な集計だけなら確《たし》かに1枚《まい》あれば充分《じゅうぶん》だよ。ただし、毎月のおこづかい帳《ちょう》を付ける場合などは、1カ月分を1つのワークシート(集計用紙)に入力していくと便利《べんり》だよね。さらにエクセル《Excel》のすごいところは、複数《ふくすう》のワークシートを使って集計できることなんだ。

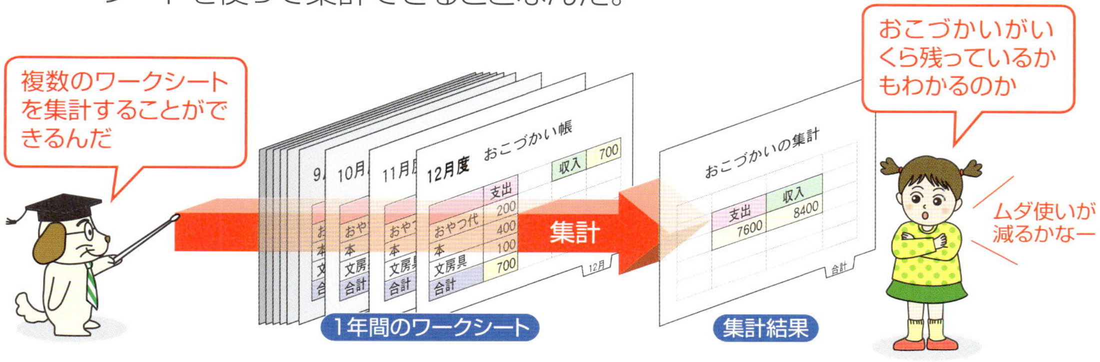
複数のワークシートを集計することができるんだ
9
10月
11月
12月度　おこづかい帳
支出
収入
700
おやつ代
200
本
400
文房具
100
合計
700
12月
集計
おこづかいの集計
支出
収入
7600
8400
合計
1年間のワークシート
集計結果
おこづかいがいくら残っているかもわかるのか
ムダ使いが減るかなー

ということは、ワークシート(集計用紙)は、使う人が自由に何枚《まい》も増やせるってこと?

そうなんだ。計算やデータの入力に使うワークシートの枚数《まいすう》は、用途《ようと》に合わせて自由に増やすことができるよ。計算とグラフを分けてワークシートを使ったり、得意先《とくいさき》ごとにワークシートを分けて使うとわかりやすく計算をすることができるよ。

どのワークシートを表示《ひょうじ》しているかは、どこでわかるの?

画面の下の方に口取《くちと》り紙のような「タブ」と呼《よ》ばれる見出しが付いているんだ。この「タブ」をクリックすることでシートを切り替《か》えることができるよ。

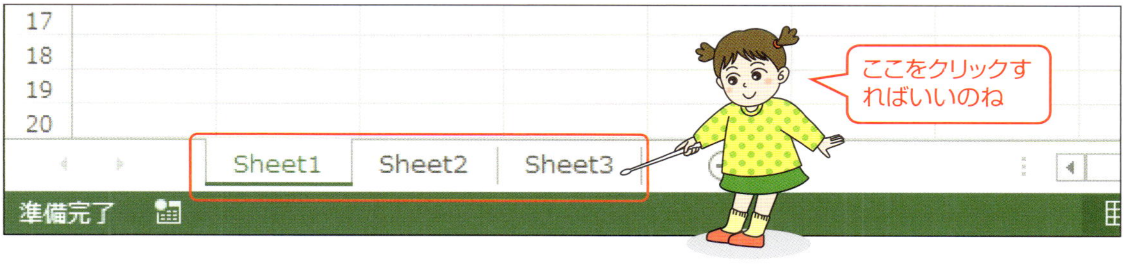
17
18
19
20
Sheet1
Sheet2
Sheet3
準備完了
ここをクリックすればいいのね

第7章
そもそもエクセルって何?

質問 45 「セル」と呼《よ》ばれる入れ物について

はかせ。ワークシート上に描《か》いてあるマス目は何なの？

これは、「セル」と呼《よ》ばれるデータを入力する場所なんだよ。

「セル」って何ですか？

ワークシートの上に描《か》かれたマス目のことで、データを入れておくための箱みたいなものだよ。「セル」という言葉は、英語で細胞《さいぼう》という意味で、ワークシート上のマス目が細胞《さいぼう》のように一つひとつの部屋に分かれている様子を表しているんだ。

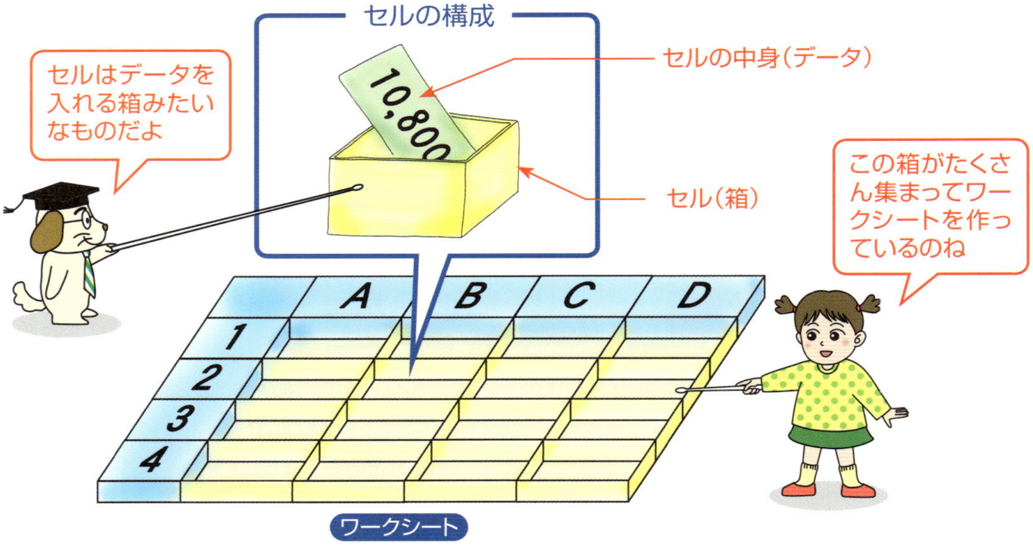

セルの構成
セルはデータを入れる箱みたいなものだよ
10,800
セルの中身（データ）
セル（箱）
この箱がたくさん集まってワークシートを作っているのね
A
B
C
D
1
2
3
4
ワークシート

セルっていうマス目には、見た目の幅《はば》と同じ長さの文字しか入らないの？

紙の集計用紙だと1つのマス目に入る文字の量《りょう》は決まっているけど、エクセル《Excel》のセルの場合は、見た目のマス目をはみ出しても、文字や数字を入れることができるんだ。文字の場合だと、1つのマス目に何万もの文字を入れることができるんだよ。

たくさんのセルが並《なら》んでいるけど、一つひとつのセルはどうやって区別《くべつ》するの?

一つひとつのセルには、セル番地と呼《よ》ばれる住所が付けられているんだ。この番地は、横方向に「A列」「B列」…の順番《じゅんばん》で、縦《たて》方向に「1行」「2行」…の順番《じゅんばん》でセルに名前が付けられているんだ。

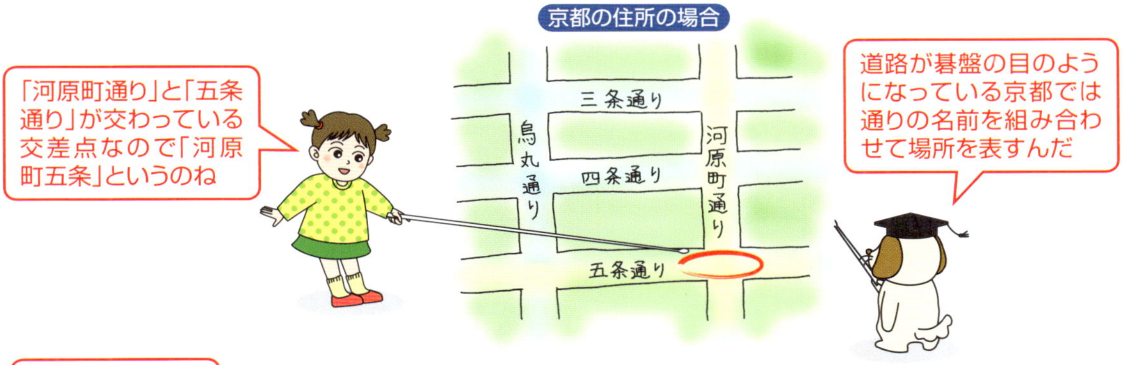
京都の住所の場合
「河原町通り」と「五条通り」が交わっている交差点なので「河原町五条」というのね
道路が碁盤の目のようになっている京都では通りの名前を組み合わせて場所を表すんだ
三条通り
烏丸通り
四条通り
河原町通り
五条通り

Excelの場合も同じように縦の名前と横の名前を組み合わせて場所を表すんだ
行
エクセルのワークシートの場合
列
A
B
C
D
1
2
3
4
5
ここは、「A列」の「1行」目だから「セルA1」というのね!

セルの中にはどんなデータを入れることができるの?

「数値《すうち》」「文字」「数式」をセルに入れることができるんだ。「数値《すうち》」は計算に使うことができる数字、「文字」は表の見出しやデータとして使う文字、「数式」はセルとセルを足し算するような計算をするための式のことだよ。

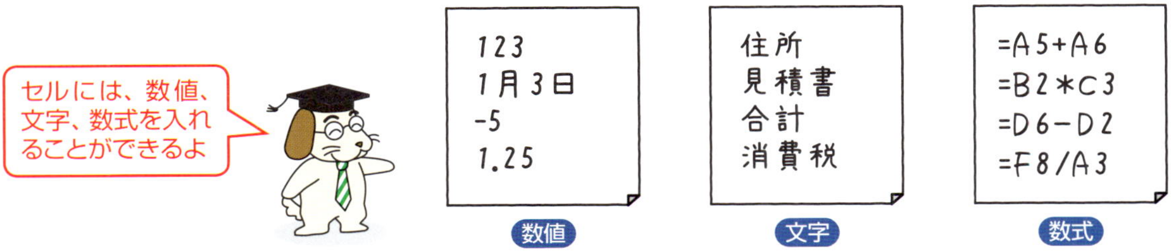
セルには、数値、文字、数式を入れることができるよ
123
1月3日
-5
1.25
数値
住所
見積書
合計
消費税
文字
=A5+A6
=B2*C3
=D6-D2
=F8/A3
数式

質問46 「エクセル《Excel》」にやりたいことを伝える方法について

「エクセル《Excel》」にやってもらいたいことを伝《つた》えるには、どういうふうにパソコンを操作《そうさ》したらいいの?

「セル」に数値《すうち》や文字データを入力する以外《いがい》の操作《そうさ》の基本《きほん》は、リボンの中から選《えら》ぶことなんだ。リボンとは、ちょうど注文できる料理《りょうり》が書かれている食堂《しょくどう》のメニューと同じで、エクセル《Excel》ができることが一覧《いちらん》で表示《ひょうじ》されるようになっているんだ。

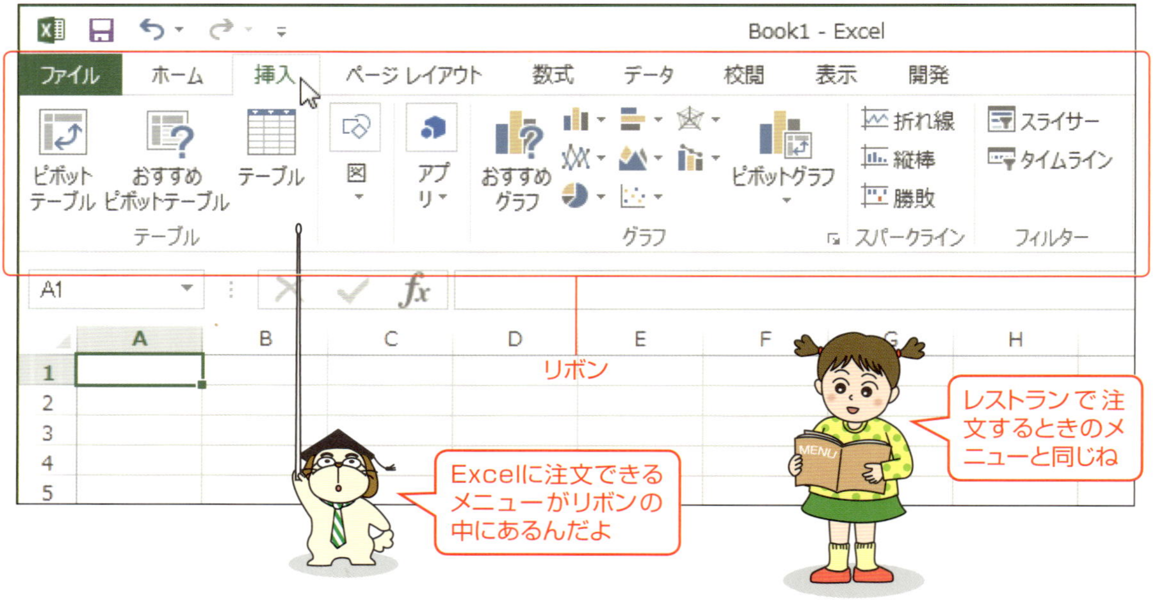

Book1 - Excel
ファイル
ホーム
挿入
ページ レイアウト
数式
データ
校閲
表示
開発
ピボットテーブル
おすすめピボットテーブル
テーブル
図
アプリ
おすすめグラフ
ピボットグラフ
折れ線
縦棒
勝敗
スライサー
タイムライン
テーブル
グラフ
スパークライン
フィルター
A1
リボン
Excelに注文できるメニューがリボンの中にあるんだよ
レストランで注文するときのメニューと同じね

こんなにたくさんの種類があると、どれを選《えら》んだらいいのかわからないよ!

確《たし》かに、数が多すぎてわかりにくいよね。だから、エクセル《Excel》では、ジャンルごとにタブで分けて、使いやすいように工夫《くふう》しているんだ。また、さらに細かい内容や設定は、アイコンの近くにある▼マークの中に片付《かたづ》けられているので、クリックして表示《ひょうじ》することができるよ。

左上のやのようなマークは何なの?

このマークはよく使うメニューを簡単《かんたん》に呼《よ》び出せるようにしたボタンなんだ。このボタンは、常連《じょうれん》のお客さんがメニューを略《りゃく》して注文するように、エクセル《Excel》に出す注文を簡単《かんたん》にするためのボタンなんだ。

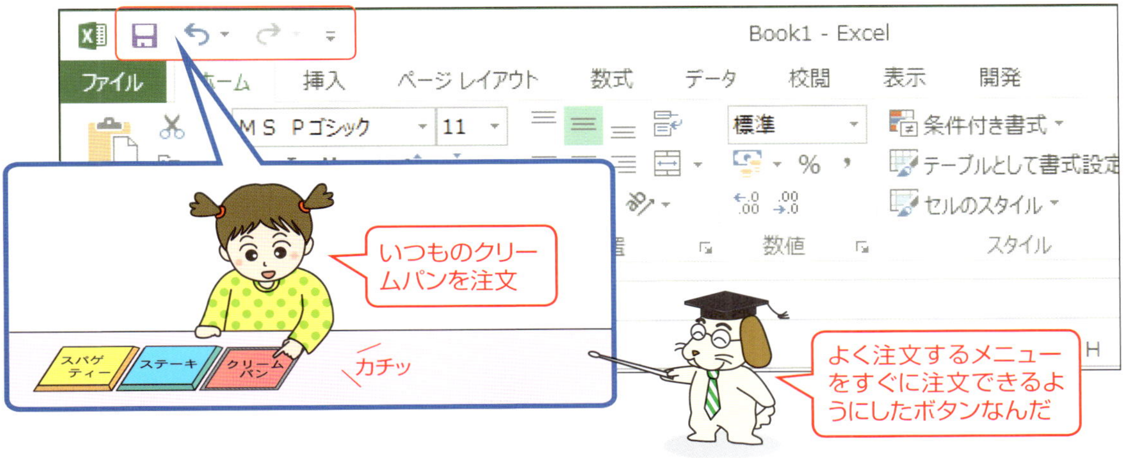

MS Pゴシック はどういう意味なの?

これは、セルに入力する文字の種類《しゅるい》がわかる部分だよ。となりのをクリックすると設定《せってい》できるフォントが出てくるので、その中から必要《ひつよう》な文字を選《えら》んで使うんだ。

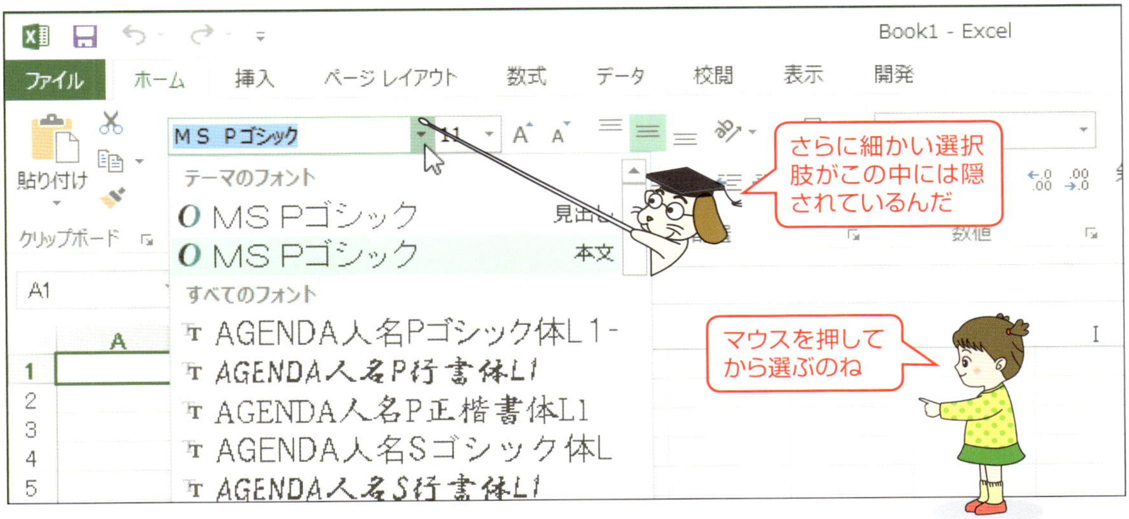

第7章 そもそもエクセルって何?

質問47 「エクセル《Excel》」の画面の役割について

エクセル《Excel》の画面はどういうふうになっているの?

エクセル《Excel》の画面は、次のような役割《やくわり》や機能《きのう》があるので確認《かくにん》してみよう。

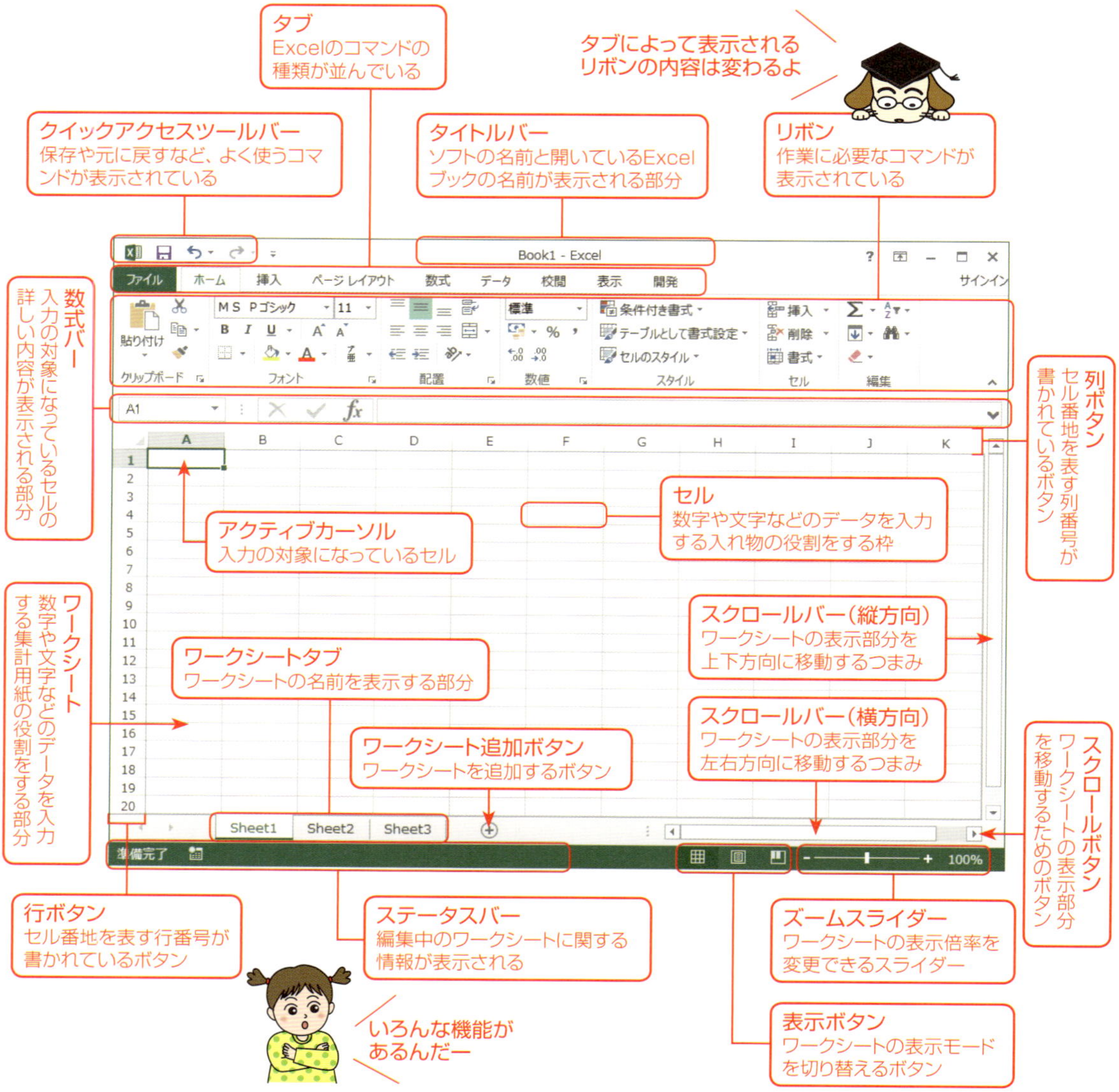
タブ
Excelのコマンドの種類が並んでいる
タブによって表示されるリボンの内容は変わるよ
クイックアクセスツールバー
保存や元に戻すなど、よく使うコマンドが表示されている
タイトルバー
ソフトの名前と開いているExcelブックの名前が表示される部分
リボン
作業に必要なコマンドが表示されている
Book1 - Excel
数式バー
入力の対象になっているセルの詳しい内容が表示される部分
列ボタン
セル番地を表す列番号が書かれているボタン
セル
数字や文字などのデータを入力する入れ物の役割をする枠
アクティブカーソル
入力の対象になっているセル
ワークシート
数字や文字などのデータを入力する集計用紙の役割をする部分
スクロールバー(縦方向)
ワークシートの表示部分を上下方向に移動するつまみ
ワークシートタブ
ワークシートの名前を表示する部分
スクロールバー(横方向)
ワークシートの表示部分を左右方向に移動するつまみ
ワークシート追加ボタン
ワークシートを追加するボタン
スクロールボタン
ワークシートの表示部分を移動するためのボタン
Sheet1
Sheet2
Sheet3
行ボタン
セル番地を表す行番号が書かれているボタン
ステータスバー
編集中のワークシートに関する情報が表示される
ズームスライダー
ワークシートの表示倍率を変更できるスライダー
表示ボタン
ワークシートの表示モードを切り替えるボタン
いろんな機能があるんだー

第8章

そもそもワードって何?

質問48 ワード《word》のはじまり

ワード《word》って何をするものなの?

ワード《word》は、マイクロソフト《Microsoft》社が文書を作成するために開発したワープロソフトで、ビジネス文書などを作成し、印刷《いんさつ》することができるんだ。ワープロソフトには、他にもジャストシステム《JustSystems》社の「一太郎《いちたろう》」という日本生まれのワープロソフトもあるよ。

そもそもワープロって何なの?

ワープロは、印刷機《いんさつき》で印刷《いんさつ》したように文章をきれいに清書《せいしょ》するための機械《きかい》のことだよ。この機械《きかい》の登場で、それまでは、印刷所《いんさつじょ》に頼《たの》まなければ作れなかったような印刷物《いんさつぶつ》を、家庭や会社で作ることができるようになったんだ。

印刷機
ワープロは家に印刷機を置いたようなものなのね

ワープロが登場したのはいつごろなの?

1978年に日本初《はつ》のワープロが発表されているんだ。当時のワープロはとても大きな機械《きかい》で、日本語をきれいに並《なら》べたり、きれいに紙に印刷《いんさつ》する機能《きのう》に特化《とっか》したコンピューターだったんだ。このころは一般《いっぱん》には普及《ふきゅう》していなくて、大きな会社の一部で日本語タイプライターの代わりとして使われていたんだ。

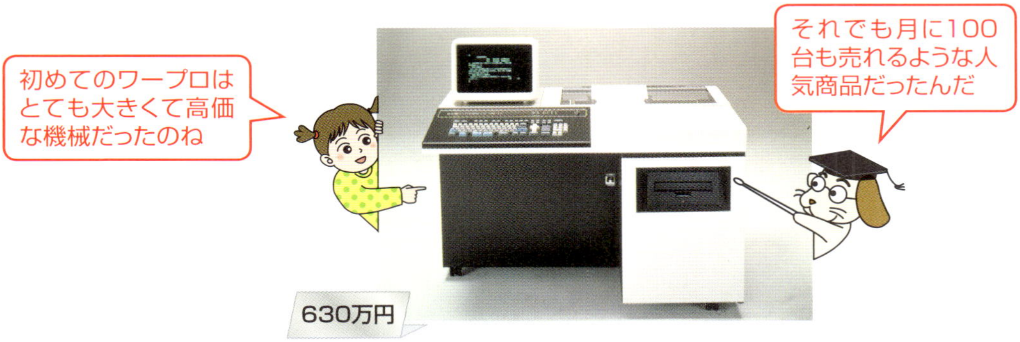
初めてのワープロはとても大きくて高価な機械だったのね
それでも月に100台も売れるような人気商品だったんだ
630万円

ワープロが普及《ふきゅう》し始めたのはいつごろからなの?

1985年に個人《こじん》向けの小型《こがた》のワープロが発売されてからなんだ。家庭や会社で簡単《かんたん》な印刷物《いんさつぶつ》を手軽に作ることができるようになり、パソコンよりも値段《ねだん》が安かったため、当時は、ワープロが重宝《ちょうほう》されたんだ。そして、一太郎《いちたろう》の人気が出始めたころからパソコンをワープロのように使う人が増えたんだ。90年代の半《なか》ばにはパソコンのワープロソフトとワープロ専用機《せんようき》の販売台数《はんばいだいすう》が逆転《ぎゃくてん》して、パソコンを使う人がどんどん増えていったんだよ。

パソコンとワープロのちがいは何なの?

部品やソフトを入れ替《か》えて変化《へんか》を続《つづ》けられることが、パソコンとワープロの一番のちがいだね。ワープロは、パソコンのようにソフトを追加したり、最新版《さいしんばん》に入れ替《か》えたり、部品を自由に追加してパワーアップすることができないんだ。

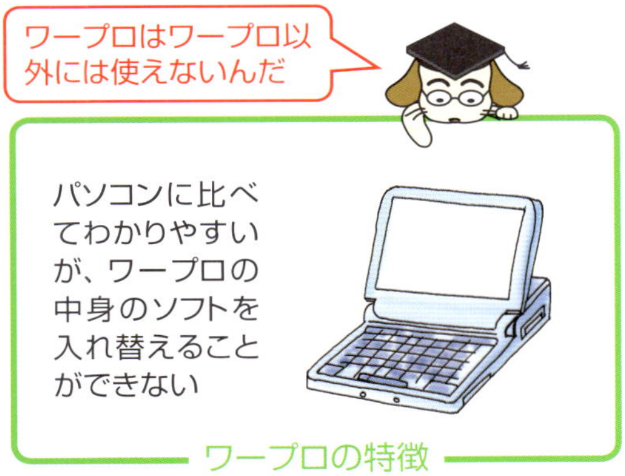
ワープロはワープロ以外には使えないんだ
パソコンに比べてわかりやすいが、ワープロの中身のソフトを入れ替えることができない
ワープロの特徴

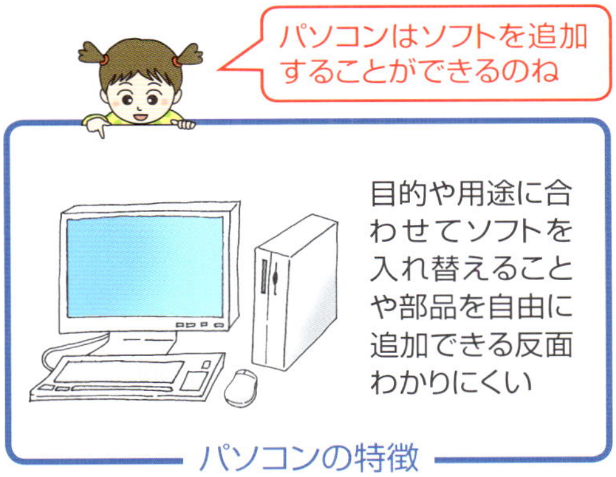
パソコンはソフトを追加することができるのね
目的や用途に合わせてソフトを入れ替えることや部品を自由に追加できる反面わかりにくい
パソコンの特徴

質問49 ワード《word》でこんなことができる

ワード《word》を使うとどんなことができるの?

ちょっとしたビジネス文書から、複雑《ふくざつ》なレイアウトの文書やハガキの作成など、さまざまな印刷物《いんさつぶつ》を作ることができるんだ。具体的な例《れい》を紹介《しょうかい》するよ。

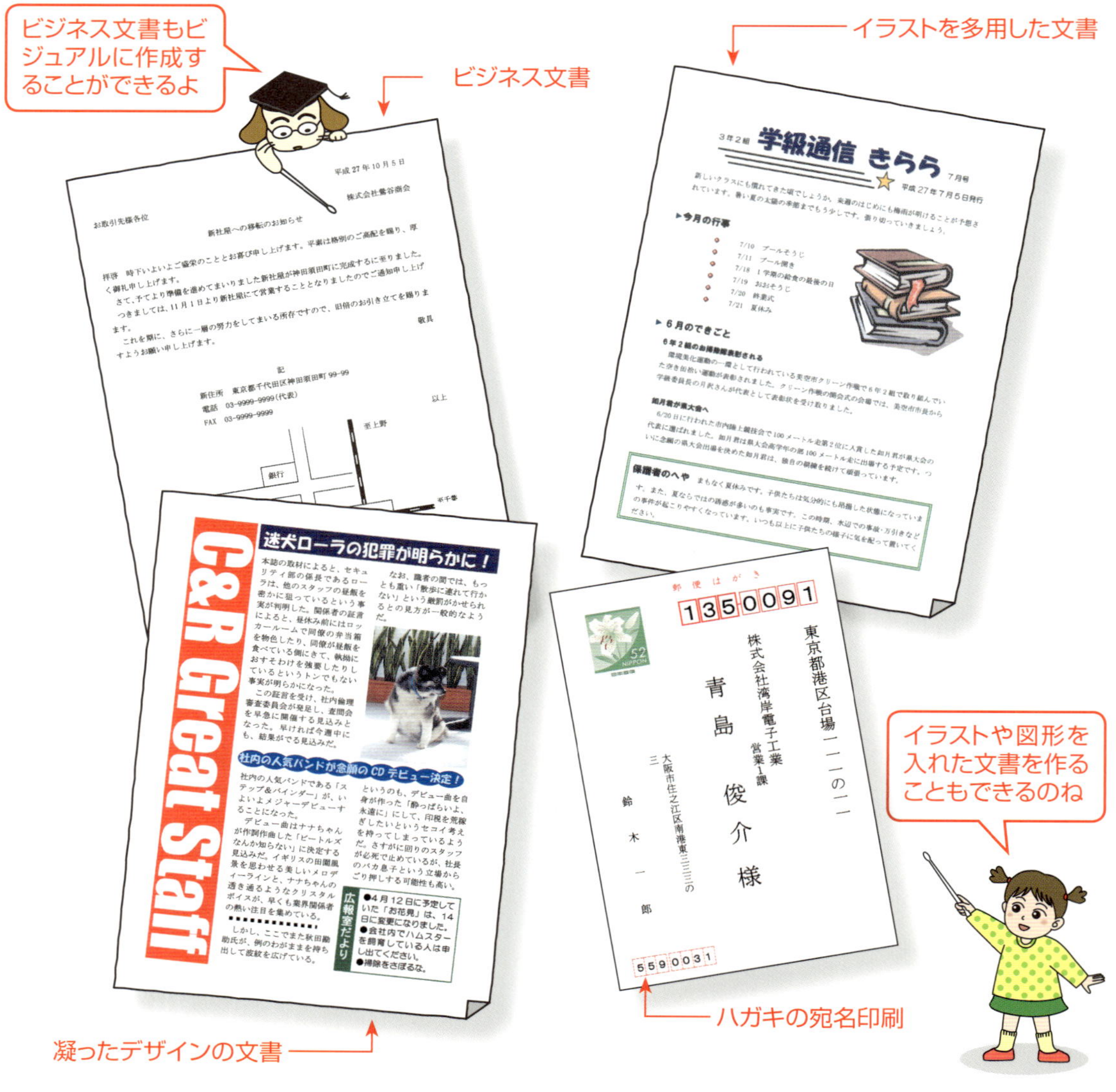

ワード《word》をするには何を用意すればいいの？

パソコン本体以外《いがい》にワード《word》のソフトとプリンター（印刷機《いんさつき》）が必要《ひつよう》になるんだ。この2つをパソコンに追加することでパソコンをワープロに変身《へんしん》させることができるんだ。

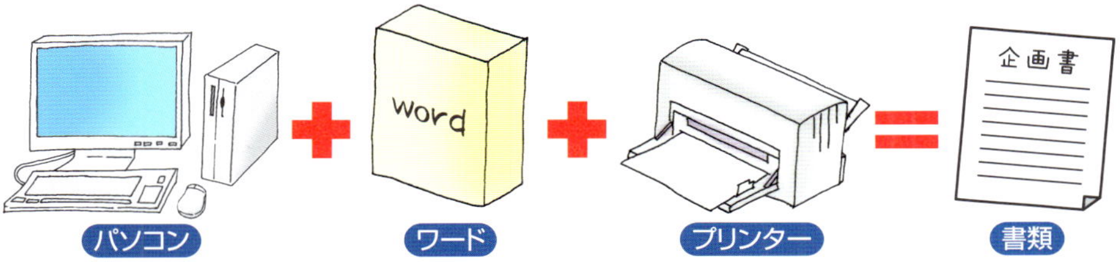
word
企画書
パソコン
ワード
プリンター
書類

パソコンをワープロに変身《へんしん》させたら他のことには使えないの？

ワープロに変身《へんしん》させたらワープロのままということはないんだ。文章を作りたいときはワープロ、Eメールを使いたいときは郵便局《ゆうびんきょく》の窓口《まどぐち》のように用途《ようと》に応《おう》じて変身《へんしん》できるのがパソコンの最大《さいだい》のメリットだよ。

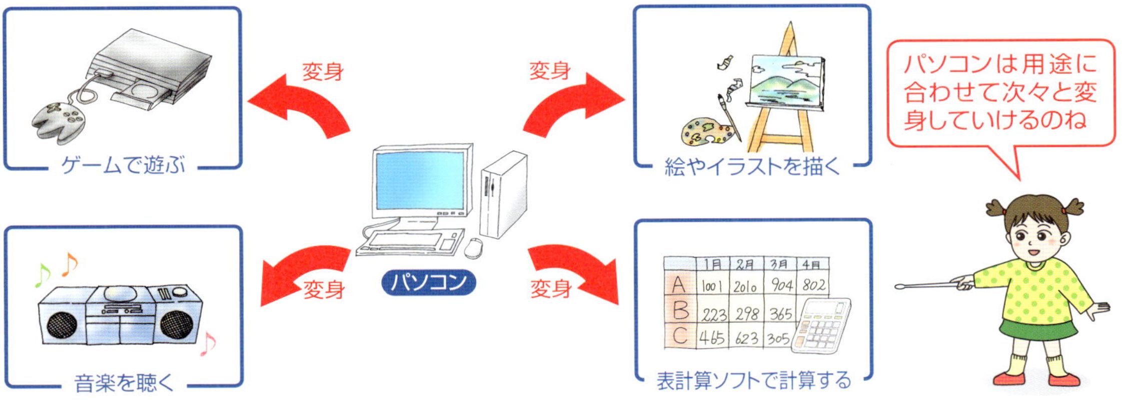
変身
変身
変身
変身
ゲームで遊ぶ
絵やイラストを描く
パソコン
音楽を聴く
1月 2月 3月 4月
A 1001 2010 904 802
B 223 298 365
C 465 623 305
表計算ソフトで計算する
パソコンは用途に合わせて次々と変身していけるのね

「ワード《word》」って、文書を作って印刷《いんさつ》するソフトってことでいいのよね！

半分正解《せいかい》ってとこかな。実は、ワード《word》は、ホームページやEメールの作成にも使うことができるので、単《たん》なるワープロソフトの域《いき》を超《こ》えて、「万能《ばんのう》文書作り機《き》」のような存在《そんざい》でもあるんだ。でも、ワード《word》の「本業」はやはり文書作りといえるよ。

50質問 意外とつまずく不思議な「しきたり」について

画面で点滅《てんめつ》している「｜」は、何なの?

カーソルと呼《よ》ばれる、文字の入力位置《いち》を示《しめ》す目印《めじるし》なんだ。カーソルというのは、画面の上を透明《とうめい》なガラス板に描《か》かれた目印《めじるし》が動いているような感じなんだ。キーボードから文字を入力すると、このカーソルの左側《がわ》に文字が入っていくんだ。

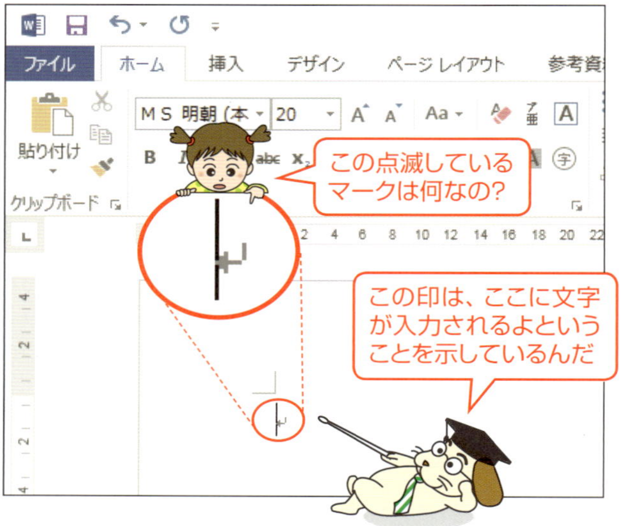

この点滅している
マークは何なの?
この印は、ここに文字
が入力されるよという
ことを示しているんだ

画面の上の方に付いている定規《じょうぎ》みたいなものって何?

これは、水平ルーラーという定規《じょうぎ》なんだ。この定規《じょうぎ》には1行あたりの文字数が書かれていて、文字を数えるときの目安になっているんだ。通常《つうじょう》の操作《そうさ》ではあまり使わないけど、「タブ」という記号を使って文字をまとめて動かすときに使うことがあるよ。

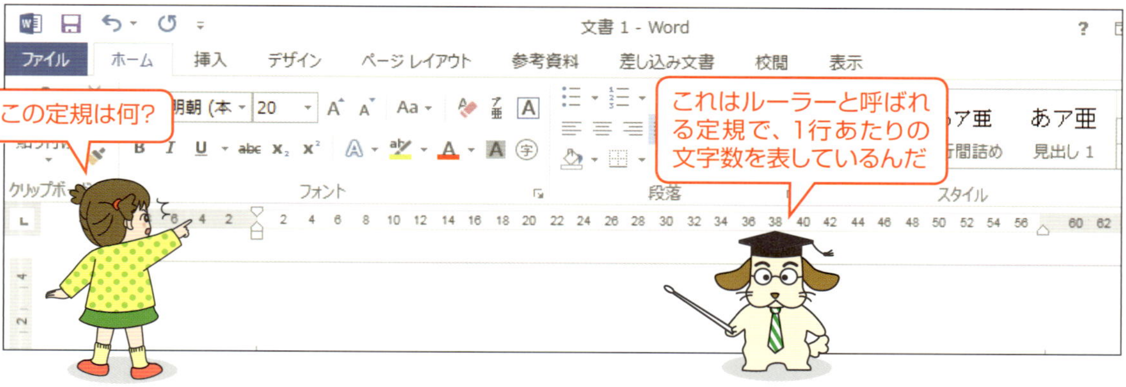

この定規は何?
これはルーラーと呼ばれ
る定規で、1行あたりの
文字数を表しているんだ

「文書1」というのはどういう意味?

画面の左上に書かれている「文書1」というのは、今、画面に表示している文書に付けられている名前のことなんだ。この名前は仮《かり》の名前だから、自分で文書に名前を付けたときは、その名前がここに表示《ひょうじ》されるよ。

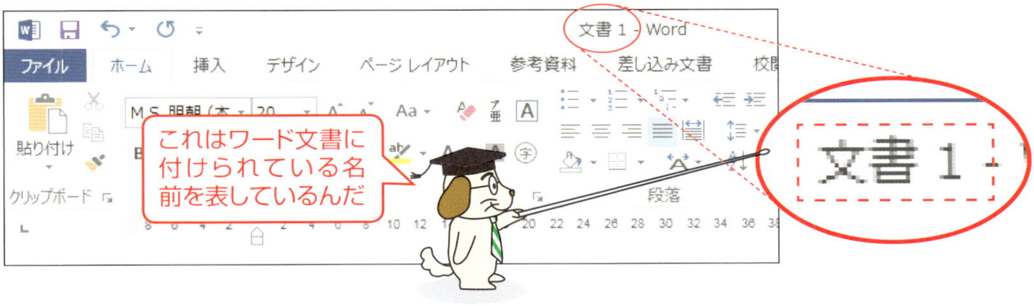
文書 1 - Word
ファイル
ホーム
挿入
デザイン
ページ レイアウト
参考資料
差し込み文書
貼り付け
クリップボード
段落
これはワード文書に付けられている名前を表しているんだ
文書 1

文章の行末《ぎょうまつ》にあるこの印《しるし》(↵)は何?

これは、段落《だんらく》記号と呼《よ》ばれる特別《とくべつ》な記号なんだ。↵(Enter《エンター》)キーを押《お》して段落《だんらく》を改《あらた》めて、次の行から書き始めるという命令《めいれい》をワード《word》に伝《つた》えることができるよ。作文を書くときに行を空けないと読みにくいから改行《かいぎょう》をするんだけど、段落《だんらく》ごとにどこで改行《かいぎょう》しているかがはっきりとわかるようにする役割《やくわり》がこの記号(↵)にあるんだ。なお、この記号は印刷《いんさつ》するときには透明《とうめい》になるから、紙に印刷《いんさつ》しても記号が印刷《いんさつ》されることはないよ。

美術館の感想秋田奈々学校の授業で桜台美術館へいきました。きれいな絵がたくさんあって、感動しました。私もこんな絵を描いてみたいなと思いました。

段落記号をつけると…

美術館の感想↵
秋田奈々↵
学校の授業で桜台美術館へいきました。↵
きれいな絵がたくさんあって、感動しました。↵
私もこんな絵を描いてみたいなと思いました。↵

この↵印は文章を区切って次の行から書き始める目印なのね

51 質問 文章の範囲《はんい》を選《えら》ぶという意味について

文字を選《えら》ぶってどういうことなの?

「文字を大きくしたい」と思ったときに、どの文字を対象《たいしょう》とするかをワード《word》に知らせるという意味があるんだ。これを「範囲指定《はんいしてい》」というんだ。範囲指定《はんいしてい》された文字は、背景がグレー地に変《か》わって、他の文字とを区別《くべつ》することができるようになっているんだ。

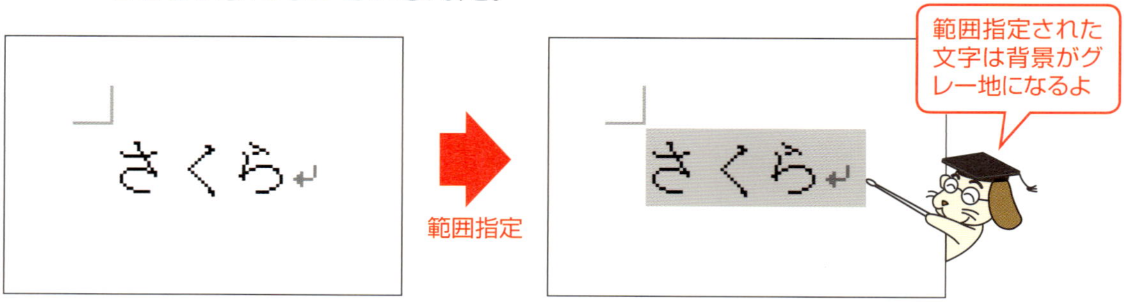
さくら
範囲指定
さくら
範囲指定された文字は背景がグレー地になるよ

文字の選《えら》び方には、どんな選《えら》び方があるの?

文字を範囲指定《はんいしてい》する方法《ほうほう》には、いくつかの種類《しゅるい》があるんだ。それぞれの指定方法《していほうほう》は次のようになるよ。

文字単位の指定

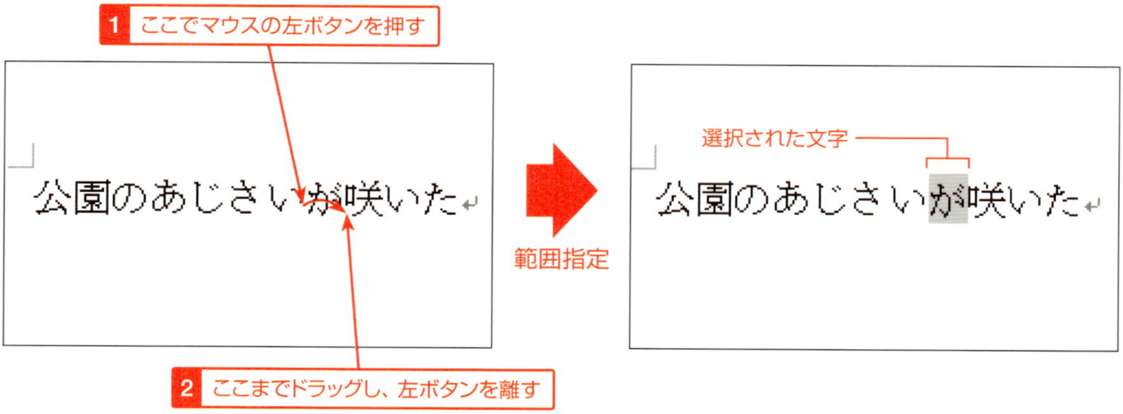
1 ここでマウスの左ボタンを押す
公園のあじさいが咲いた
範囲指定
選択された文字
公園のあじさいが咲いた
2 ここまでドラッグし、左ボタンを離す

単語単位の指定

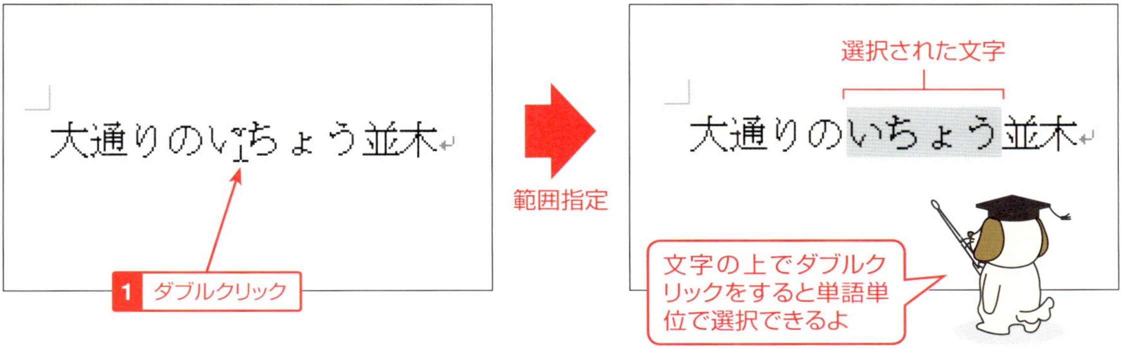

大通りのいちょう並木
1 ダブルクリック
範囲指定
選択された文字
大通りのいちょう並木
文字の上でダブルクリックをすると単語単位で選択できるよ

段落単位の指定

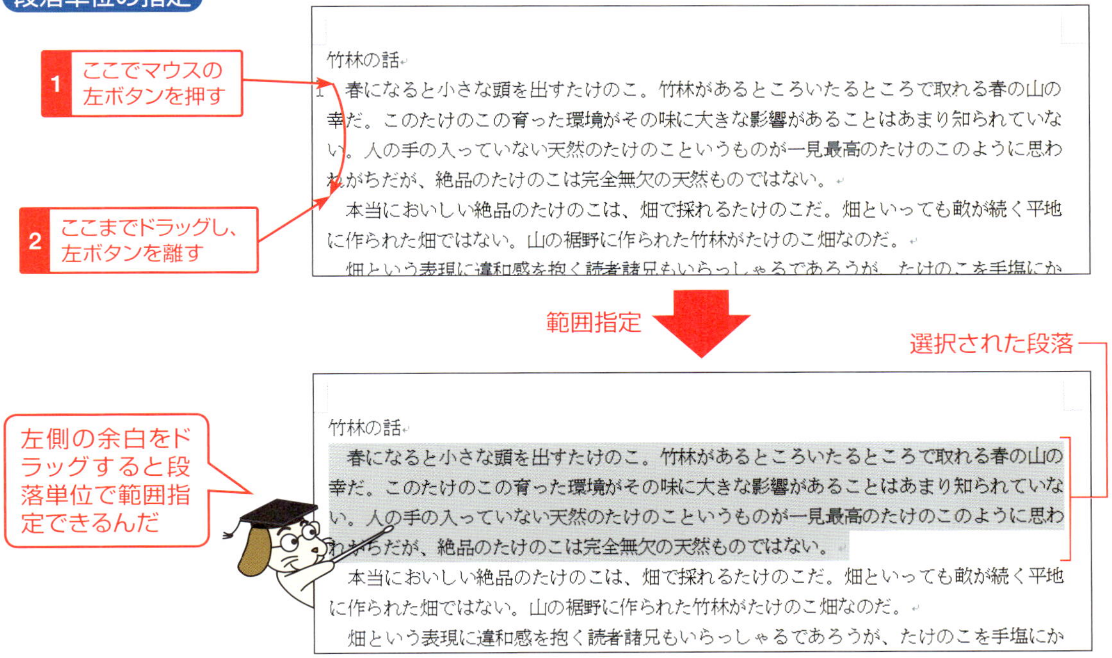

1 ここでマウスの左ボタンを押す
2 ここまでドラッグし、左ボタンを離す
竹林の話
春になると小さな頭を出すたけのこ。竹林があるところいたるところで取れる春の山の幸だ。このたけのこの育った環境がその味に大きな影響があることはあまり知られていない。人の手の入っていない天然のたけのこというものが一見最高のたけのこのように思われがちだが、絶品のたけのこは完全無欠の天然ものではない。
本当においしい絶品のたけのこは、畑で採れるたけのこだ。畑といっても畝が続く平地に作られた畑ではない。山の裾野に作られた竹林がたけのこ畑なのだ。
範囲指定
選択された段落
左側の余白をドラッグすると段落単位で範囲指定できるんだ
竹林の話
春になると小さな頭を出すたけのこ。竹林があるところいたるところで取れる春の山の幸だ。このたけのこの育った環境がその味に大きな影響があることはあまり知られていない。人の手の入っていない天然のたけのこというものが一見最高のたけのこのように思われがちだが、絶品のたけのこは完全無欠の天然ものではない。
本当においしい絶品のたけのこは、畑で採れるたけのこだ。畑といっても畝が続く平地に作られた畑ではない。山の裾野に作られた竹林がたけのこ畑なのだ。
畑という表現に違和感を抱く読者諸兄もいらっしゃるであろうが、たけのこを手塩にか

文字単位《たんい》で範囲指定《はんいしてい》しようとしたのに単語単位《たんごたんい》で文字が選《えら》ばれてしまいそうになるのはなぜ?

ワード《word》では、単語《たんご》を自動的《じどうてき》に判断《はんだん》して単語単位《たんごたんい》で文字を選《えら》ぼうとするくせがあるからなんだ。文字単位《たんい》で文字を選《えら》ぼうとするときは、ちょっと迷惑《めいわく》な感じのするくせだけど、使い慣《な》れてくると単語《たんご》や文節単位《ぶんせつたんい》ですばやく選択《せんたく》することができるよ。

52 質問　「ワード《word》」にやりたいことを命令する方法について

「ワード《word》」にやってもらいたいことを伝《つた》えるには、どういうふうにパソコンを操作《そうさ》したらいいの?

エクセル《Excel》と同様に、画面の上のリボンの中には、ワード《word》にやってもらうことができる命令《めいれい》が一覧になって表示されているよ。文字を大きくしたり、ワード《word》文書を印刷《いんさつ》したりといった命令《めいれい》が種類《しゅるい》ごとに整理《せいり》されていて、その中から、やりたいことを選《えら》ぶ仕組《しく》みになっているんだ。

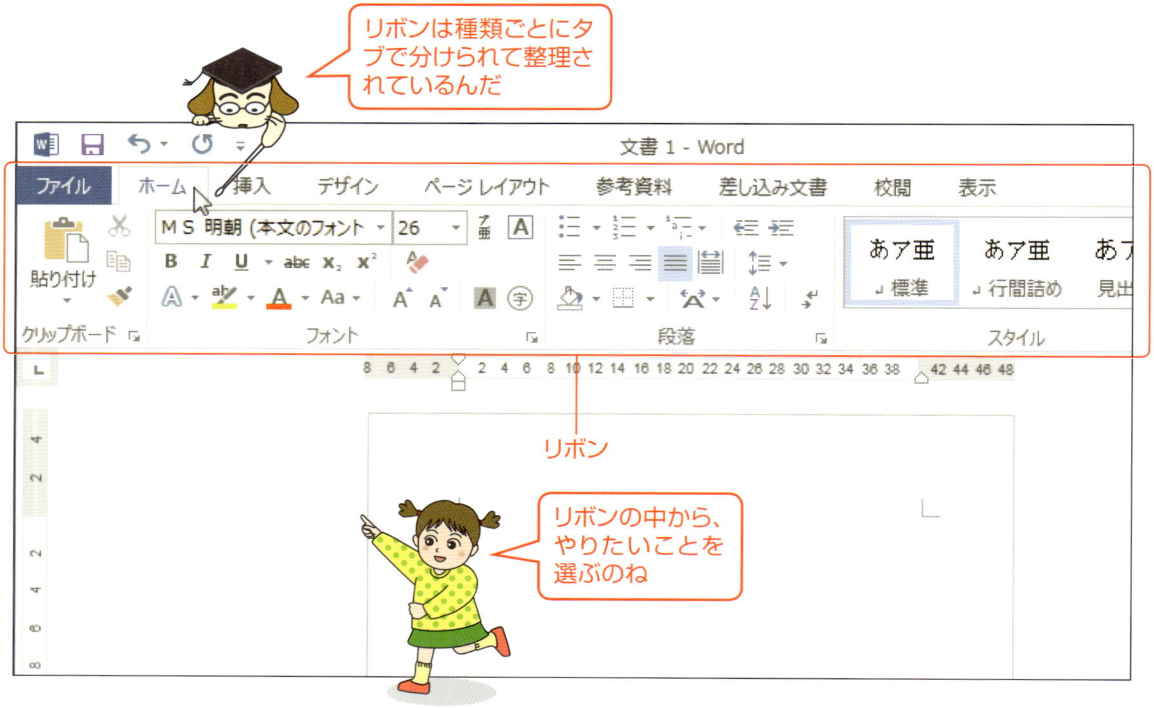
リボンは種類ごとにタブで分けられて整理されているんだ
文書 1 - Word
ファイル
ホーム
挿入
デザイン
ページ レイアウト
参考資料
差し込み文書
校閲
表示
MS 明朝 (本文のフォント
26
貼り付け
あア亜
標準
あア亜
行間詰め
見出
クリップボード
フォント
段落
スタイル
リボン
リボンの中から、やりたいことを選ぶのね

たくさんのメニューがありすぎて、どれを選《えら》んだらいいのかわからない!

確《たし》かにはじめてワード《word》を使う人には、選択肢《せんたくし》が多すぎてわかりにくいんだ。いろいろな料理《りょうり》があるレストランみたいな感じで、目移《めうつ》りしちゃうよね。まずは、リボンの中からよく使う命令《めいれい》を中心に覚《おぼ》えていってね。

ワード《word》への命令《めいれい》は毎回リボンの中から選《えら》ばないといけないの?

リボンから選《えら》んだ命令《めいれい》が基本《きほん》なんだけど、左上のやのようなボタンを使って命令《めいれい》をすることもできるんだ。このエリアには、よく使う操作《そうさ》を自由に追加できるんだよ。ワンタッチで命令《めいれい》(やりたいこと)をワード《word》に伝《つた》えることができるので、便利《べんり》だよ。

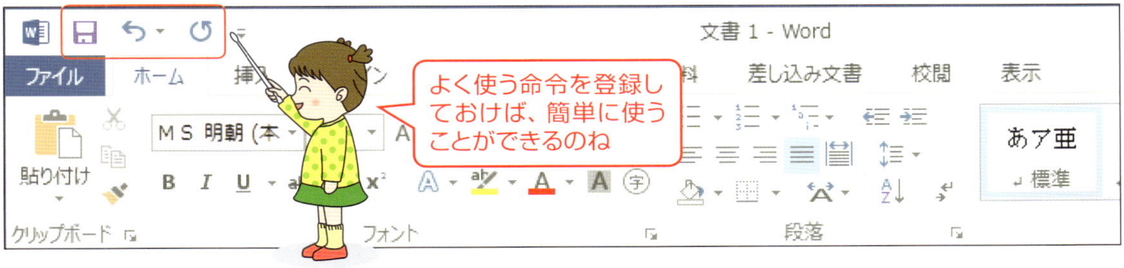
文書 1 - Word
ファイル
ホーム
差し込み文書
校閲
表示
貼り付け
クリップボード
フォント
段落
あア亜
標準
よく使う命令を登録しておけば、簡単に使うことができるのね

アイコンの近くにある▼マークを押《お》したら何か出てきましたよ?

これは、文字の種類《しゅるい》や色を変《か》えたい場合に、表示《ひょうじ》されたものの中から選《えら》ぶときに押《お》すボタンなんだ。通常《つうじょう》は、アイコンの近くにある▼マークの中に片付《かたづ》けられているんだよ。

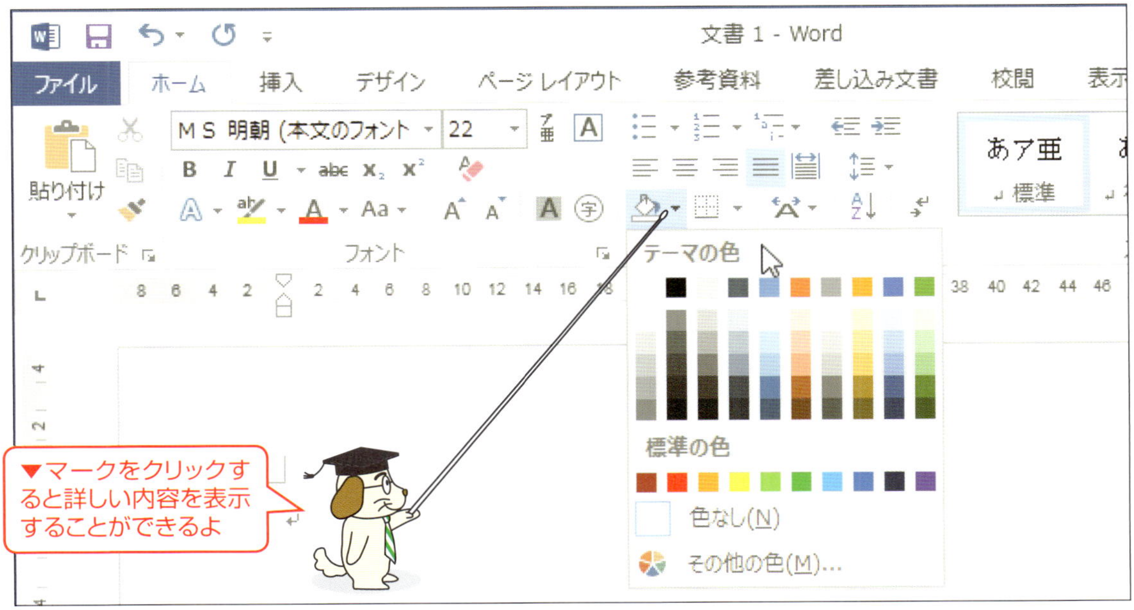
文書 1 - Word
ファイル
ホーム
挿入
デザイン
ページ レイアウト
参考資料
差し込み文書
校閲
MS 明朝 (本文のフォント
22
貼り付け
クリップボード
フォント
あア亜
標準
テーマの色
標準の色
色なし(N)
その他の色(M)...
▼マークをクリックすると詳しい内容を表示することができるよ

第8章 そもそもワードって何?

53 質問 作業する画面の役割《やくわり》と呼び方について

ワード《word》の画面はどういうふうになっているの？

ワード《word》の画面は、次のような役割《やくわり》や機能《きのう》があるので確認《かくにん》してみよう。

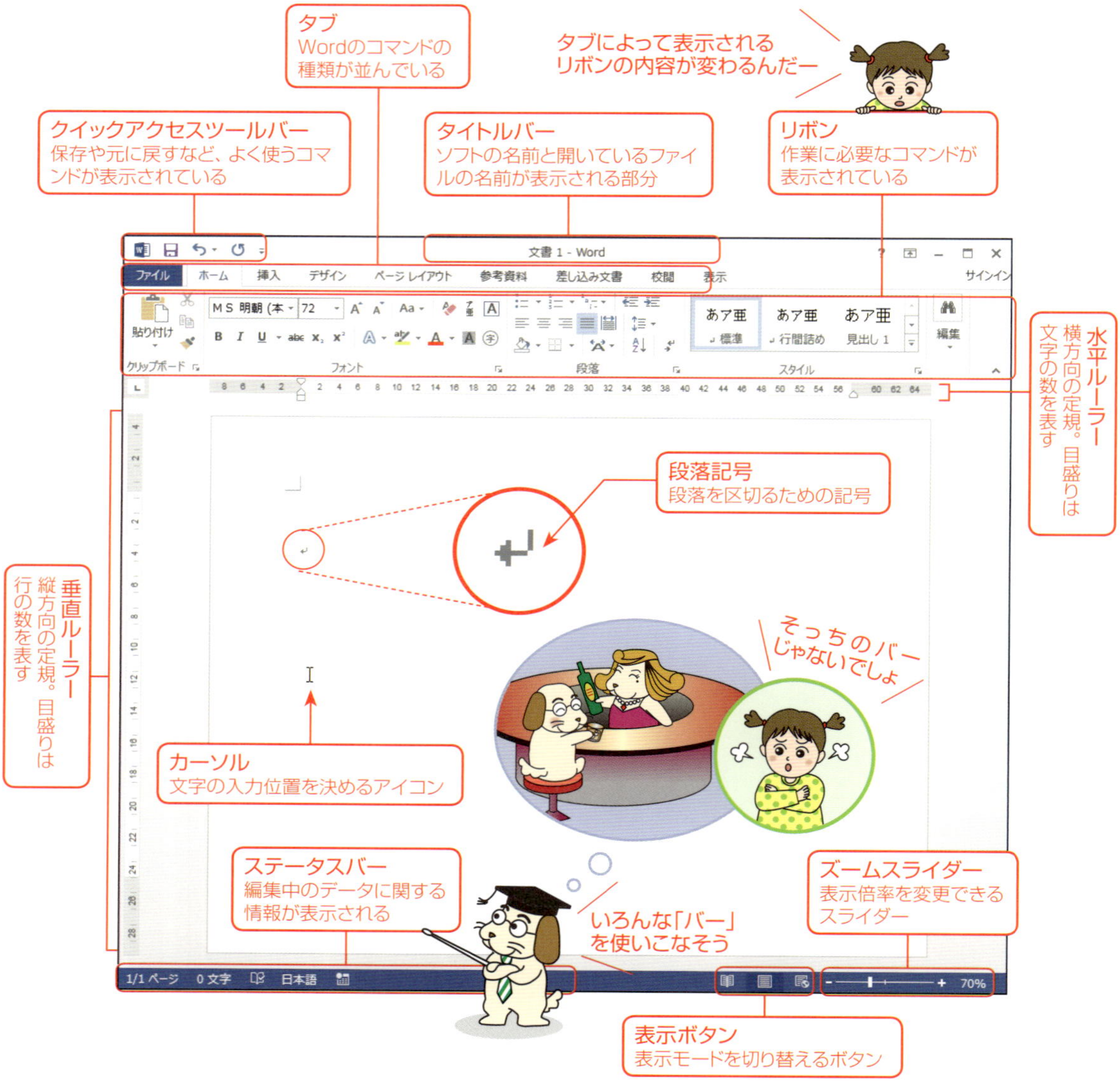
タブ
Wordのコマンドの種類が並んでいる
タブによって表示されるリボンの内容が変わるんだー
クイックアクセスツールバー
保存や元に戻すなど、よく使うコマンドが表示されている
タイトルバー
ソフトの名前と開いているファイルの名前が表示される部分
リボン
作業に必要なコマンドが表示されている
文書 1 - Word
ファイル ホーム 挿入 デザイン ページ レイアウト 参考資料 差し込み文書 校閲 表示
サインイン
水平ルーラー
横方向の定規。目盛りは文字の数を表す
段落記号
段落を区切るための記号
垂直ルーラー
縦方向の定規。目盛りは行の数を表す
そっちのバーじゃないでしょ
カーソル
文字の入力位置を決めるアイコン
ステータスバー
編集中のデータに関する情報が表示される
いろんな「バー」を使いこなそう
ズームスライダー
表示倍率を変更できるスライダー
1/1 ページ 0 文字 日本語
70%
表示ボタン
表示モードを切り替えるボタン

第9章

そもそもアクセスって何?

質問54 データベースって何？

「データベース」ってそもそも何なの？

ある共通のテーマで集めた資料《しりょう》のことを「データベース」というんだ。たとえば、毎日いろいろなお客さんと会っている営業《えいぎょう》マンが会った人の名前・住所・電話番号・趣味《しゅみ》などを書き込《こ》んだノートもデータベースということになるね。

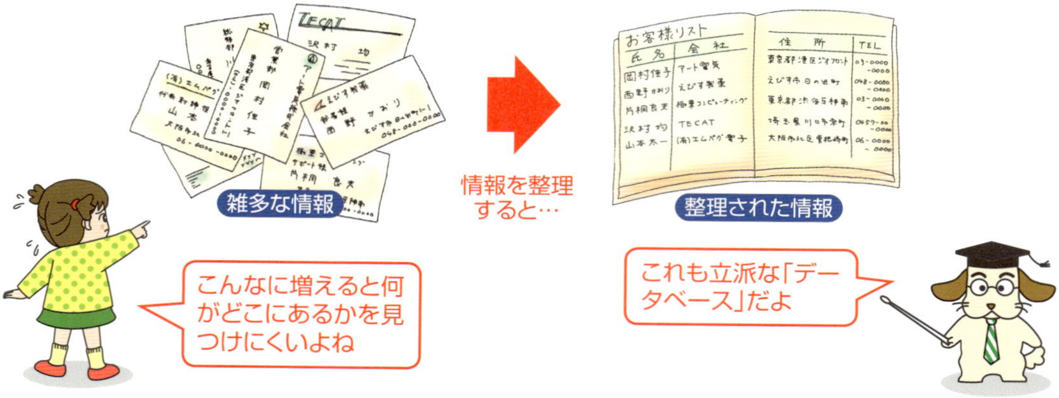
雑多な情報
情報を整理すると…
整理された情報
お客様リスト
こんなに増えると何がどこにあるかを見つけにくいよね
これも立派な「データベース」だよ

データベースを作るには、パソコンはいらないってことなの？

確《たし》かにパソコンがなくてもデータベースは作れるんだ。たとえば、パソコンがない時代では、ノートやカードに書き込《こ》んだ資料《しりょう》や情報《じょうほう》を、同じテーマで集めることでデータベースを作っていたんだよ。

商品台帳
顧客カード
アイデアメモ
カードやノートを使って情報や資料を集めてもデータベースといえるのね

じゃあ、データベースをパソコンで管理《かんり》するメリットって何?

パソコンを使うと、データベースに入力された資料《しりょう》や情報《じょうほう》の整理《せいり》・加工《かこう》が簡単《かんたん》にできるんだ。ノートで作った住所録《じゅうしょろく》の場合、ノートに書き込《こ》んだ人の名前を50音順《じゅん》に並《なら》べ替《か》えるには、もう一度別《べつ》のノートに書き写さなければいけないよね。でも、パソコンを使うと、並《なら》べ替《か》えや整理《せいり》が簡単《かんたん》にできるようになるんだ。

パソコンを使ってデータベースを管理《かんり》するようになったのはいつごろからなの?

「dBASEII《ディーベースツー》」というソフトが1980年代の初《はじ》めごろに登場してからなんだ。このソフトでは、今までプログラムを書かなければできなかったデータの並《なら》べ替《か》えのような操作《そうさ》が簡単《かんたん》にできるようになり、今まで大型《おおがた》の汎用《はんよう》コンピューターを使って何千万円もかかっていたデータベースの管理《かんり》が、100万円以下《いか》の費用《ひよう》でできるようになったんだ。

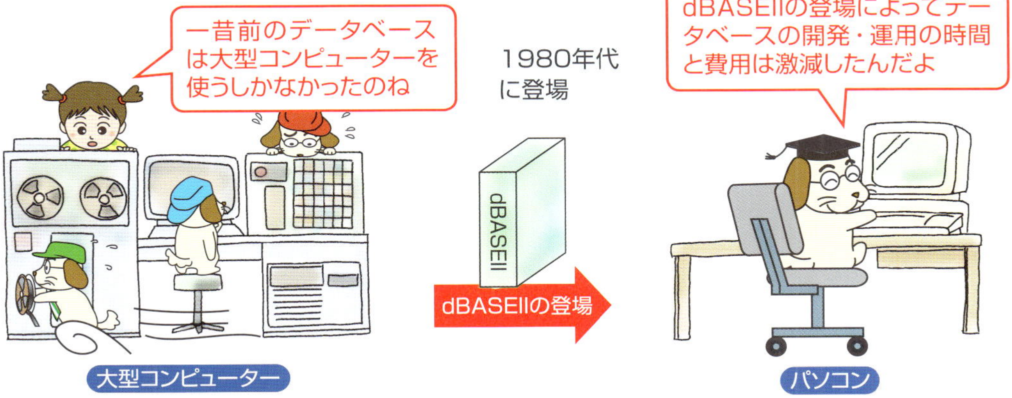
一昔前のデータベースは大型コンピューターを使うしかなかったのね
1980年代に登場
dBASEIIの登場によってデータベースの開発・運用の時間と費用は激減したんだよ
dBASEII
dBASEIIの登場
大型コンピューター
パソコン

今は何のデータベースソフトが使われているの?

「dBASEII《ディーベースツー》」が発売された後、日本語の処理《しょり》に対応《たいおう》した「桐《きり》」というソフトが発売されてウィンドウズ《Windows》が登場するまでの間、データベースソフトの一時代を築《きず》いたんだ。しかし、ウィンドウズ《Windows》化が遅《おく》れた「桐《きり》」は、ウィンドウズ《Windows》のデータベースとして主導権《しゅどうけん》を握《にぎ》れずに、マイクロソフト《Microsoft》社の「アクセス《Access》」が台頭《たいとう》してきたんだ。

質問 55

データベースでできること

データベースってどんな所で使われているの?

データベースは、大量《たいりょう》の情報《じょうほう》や資料《しりょう》をすばやく処理《しょり》しなければならない会社や研究施設《けんきゅうしせつ》で使われていることが多いんだ。たとえば、図書館《としょかん》の蔵書《ぞうしょ》を調べるためのシステムやバーコードと組み合わせた商品管理《かんり》システムは、データベースが大活躍《だいかつやく》する分野なんだ。この他には、ホテルや切符《きっぷ》の予約《よやく》システム・銀行の預金《よきん》システムもデータベースの1つということができるね。

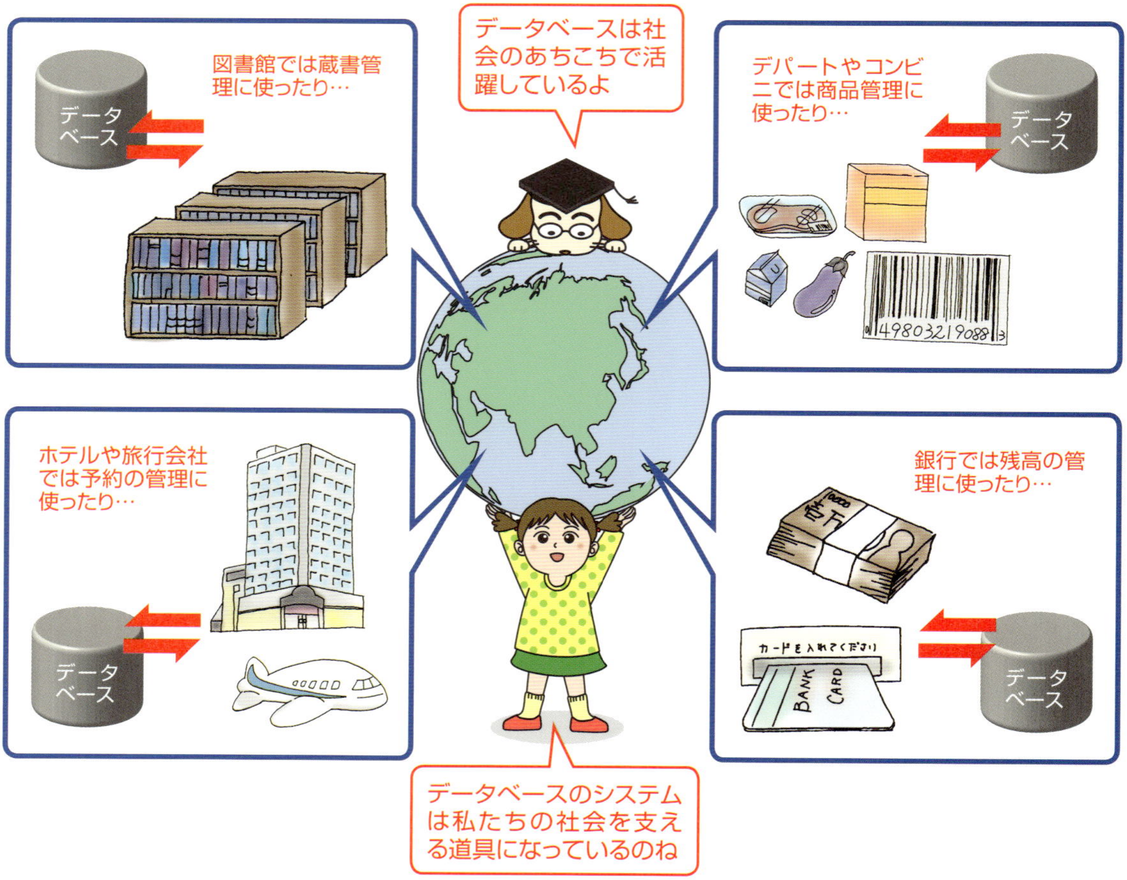

データベースは社会のあちこちで活躍しているよ
図書館では蔵書管理に使ったり…
データベース
デパートやコンビニでは商品管理に使ったり…
データベース
ホテルや旅行会社では予約の管理に使ったり…
データベース
銀行では残高の管理に使ったり…
データベース
データベースのシステムは私たちの社会を支える道具になっているのね

パソコンの「データベース」ソフトを使うとどんなことができるの?

大きく分けて2つのことができるよ。1つは、大量《たいりょう》の情報《じょうほう》や資料《しりょう》の整理《せいり》で、もう1つは商品管理《かんり》のような会計処理《かいけいしょり》なんだ。

情報や資料を整理した例

会計処理に利用した例

データベースソフトが使えるだけでは何もできないってことなの?

そうだね。データベースソフトは、データの加工《かこう》・管理《かんり》が得意《とくい》だけれども、中身として入れるデータは、自分自身《じしん》の培《つちか》ってきた知識《ちしき》や経験《けいけん》がものをいうと言っても過言《かごん》ではないね。自分の持っている知識《ちしき》とデータベースソフトを合わせることで、このソフトの真価《しんか》を発揮《はっき》させることができるんだ。

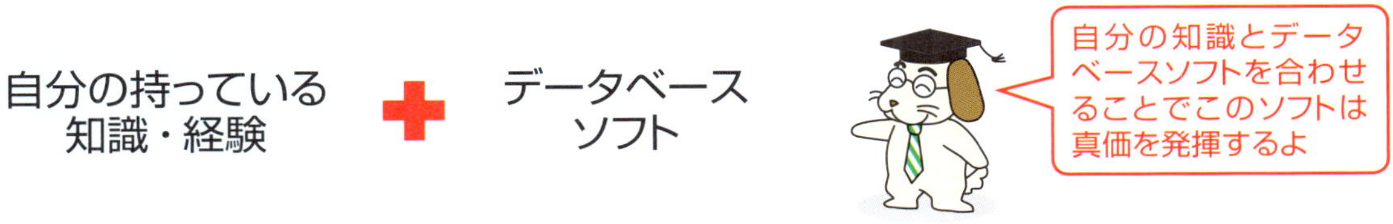

56 質問

「アクセス《Access》」が難《むずか》しいといわれる理由について

アクセス《Access》って起動してもすぐに使えないんだけど?

確《たし》かに、ちょっと軽い気持ちでアクセス《Access》を使ってみたいと思っても、ワード《Word》やエクセル《Excel》のように使うことができないんだ。アクセス《Access》を起動するとデータベースを作るように促《うなが》す画面が表示《ひょうじ》されて、本格的《ほんかくてき》にデータベースを作る用意をしていないとその先の操作《そうさ》がとても難《むずか》しくて、「試《ため》しに使ってみる」ってことがとても難《むずか》しいんだ。

必ずデータベースの使い方を指定する必要があるよ

起動直後に表示される画面

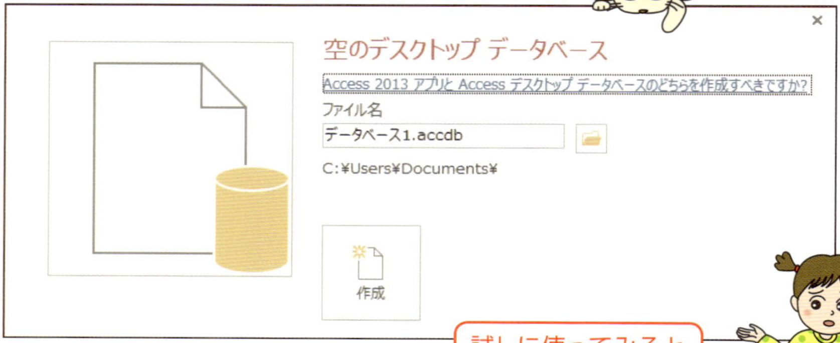
空のデスクトップ データベース
Access 2013 アプリと Access デスクトップ データベースのどちらを作成すべきですか?
ファイル名
データベース1.accdb
C:¥Users¥Documents¥
作成

試しに使ってみるという中途半端な使い方ができないのね

データベースって複雑《ふくざつ》そうで取っつきにくいよ!

アクセス《Access》は、エクセル《Excel》のようにデータを入力しても、それだけではデータベースが完全《かんぜん》にできあがらないという点が、取っつきにくくしているんじゃないかな。エクセル《Excel》のように計算式を入力して目に見える形で計算結果が確認《かくにん》できなかったり、データベース設計《せっけい》の考え方やデータ加工《かこう》の方法《ほうほう》が表計算ソフトとちがう点などが、データベースソフトをわかりにくくしているかもしれないね。

「クエリ」とか「レポート」とか聞いたことがない言葉が多すぎる!

「アクセス《Access》」っていうソフトは、今まで聞いたこともない言葉がどんどん出てくるのは確《たし》かだよ。もともとデータベースを作ること自体が一部のプログラマーたちの仕事だったことや、アクセス《Access》そのものが外国生まれのソフトだということで、耳慣《みみな》れない言葉が多いんじゃないかな。

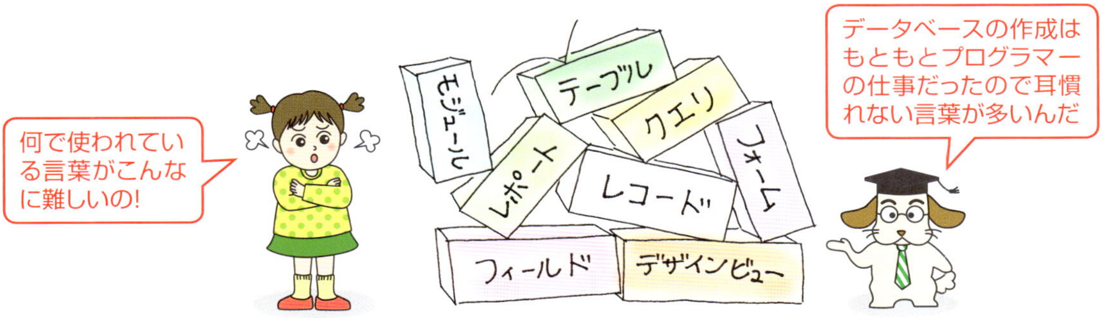
何で使われている言葉がこんなに難しいの!
モジュール
テーブル
クエリ
フォーム
レポート
レコード
フィールド
デザインビュー
データベースの作成はもともとプログラマーの仕事だったので耳慣れない言葉が多いんだ

プログラムの知識《ちしき》がいらないって聞いたけど、はかせが作ったデータベースを見ると、それってウソだと思うんだけど?

実は、アクセス《Access》の持てる力をフルに発揮《はっき》すると「プロ仕様《しよう》」のデータベースを作ることができるんだ。ただし、「プロ仕様《しよう》」のデータベースを作ろうとするとプログラムの知識《ちしき》が必要《ひつよう》になることがあるから、難《むずか》しいという印象《いんしょう》になっちゃうんじゃないかな。

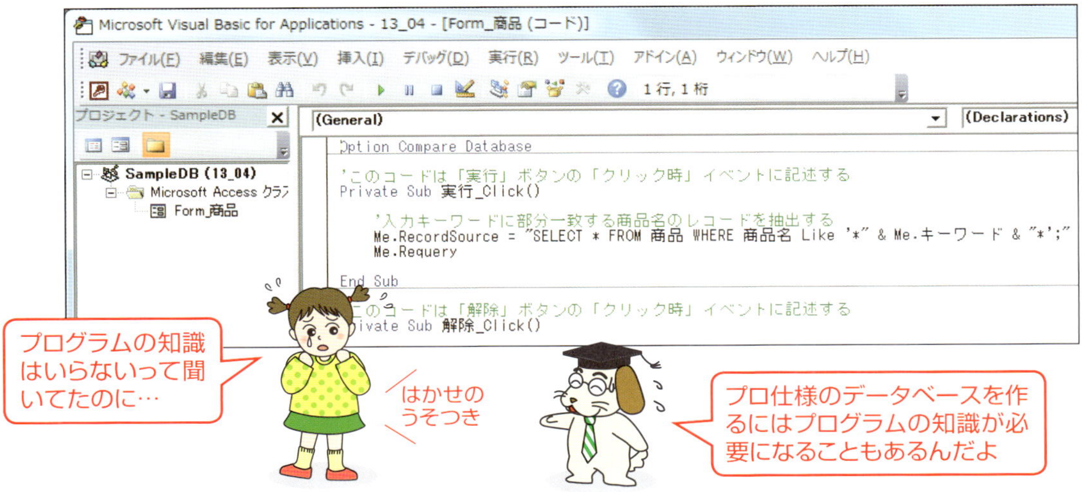
Microsoft Visual Basic for Applications - 13_04 - [Form_商品 (コード)]
ファイル(F) 編集(E) 表示(V) 挿入(I) デバッグ(D) 実行(R) ツール(T) アドイン(A) ウィンドウ(W) ヘルプ(H)
1行, 1桁
プロジェクト - SampleDB
SampleDB (13_04)
Microsoft Access クラス
Form_商品
(General)
(Declarations)
Option Compare Database
'このコードは「実行」ボタンの「クリック時」イベントに記述する
Private Sub 実行_Click()
'入力キーワードに部分一致する商品名のレコードを抽出する
Me.RecordSource = "SELECT * FROM 商品 WHERE 商品名 Like '*" & Me.キーワード & "*';"
Me.Requery
End Sub
このコードは「解除」ボタンの「クリック時」イベントに記述する
ivate Sub 解除_Click()
プログラムの知識はいらないって聞いてたのに…
はかせのうそつき
プロ仕様のデータベースを作るにはプログラムの知識が必要になることもあるんだよ

質問 57 表計算ソフトとデータベースソフトのちがいについて

表計算ソフトとデータベースソフトって、見た目はちがわないんじゃないの?

データを入力する画面をちょっと見ただけでは同じような画面に見えちゃうよね。でも、見た目は同じようでもこの2つのソフトの働《はたら》きや使い方には、大きなちがいがあるんだ。

表計算ソフト(Excel)

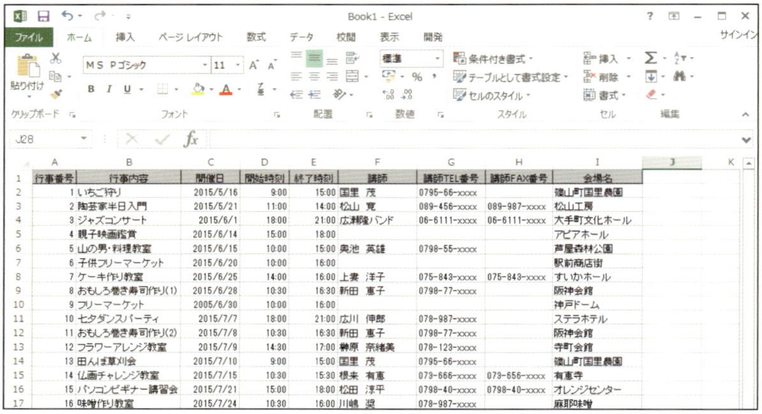

データベースソフト(Access)

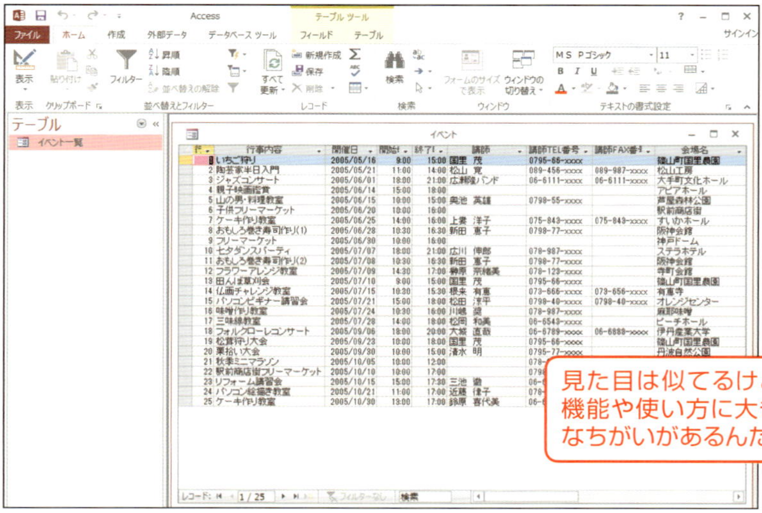

INDEX 索引

英数字

あ行

か行

さ行

た行

な行

は行

ま行

や行

ら行

わ行

■著者紹介

秋田《あきた》　勘助《かんすけ》　先代の三遊亭金馬師匠のものまね古典落語の芸と、奇抜な発想の腕を買われてライターにスカウトされる。佐渡島在住。

編集担当 ： 西方洋一 ／ カバーデザイン ： 秋田勘助（オフィス・エドモント）

小学生でもわかる スマホ&パソコンそもそも事典

2015年 7月1日　第1刷発行
2022年 1月7日　第7刷発行

著　者　秋田勘助
発行者　池田武人
発行所　株式会社　シーアンドアール研究所
　　　　新潟県新潟市北区西名目所 4083-6（〒950-3122）
　　　　電話　025-259-4293　FAX　025-258-2801
印刷所　株式会社　ルナテック

ISBN978-4-86354-176-4　C3055